矿山地质环境保护与治理技术方法系列丛书

黄淮海平原采煤塌陷区生态环境治理模式与关键技术

Ecological Environment Restoration Methods and Key Technologies of Coal Mining Subsidence Area in Huang-Huai-Hai Plain, China

周建伟 赵书泉 柴 波 陈洪年 等 编著

中国地质大学出版社
CHINA UNIVERSITY OF GEOSCIENCES PRESS

图书在版编目(CIP)数据

黄淮海平原采煤塌陷区生态环境治理模式与关键技术/周建伟等编著. —武汉:中国地质大学出版社,2016.12
(矿山地质环境保护与治理技术方法系列丛书)
ISBN 978-7-5625-3802-8

Ⅰ.①黄…
Ⅱ.①周…
Ⅲ.①煤矿开采-地面沉降-综合治理-邹城市
Ⅳ.①TD327

中国版本图书馆 CIP 数据核字(2015)第 316333 号

黄淮海平原采煤塌陷区 生态环境治理模式与关键技术	周建伟　赵书泉　柴　波　陈洪年　等 编著
责任编辑:陈　琪	选题策划:毕克成　张晓红	责任校对:周　旭

出版发行:中国地质大学出版社(武汉市洪山区鲁磨路388号)	邮政编码:430074
电　　话:(027)67883511　　传真:67883580	E-mail:cbb@cug.edu.cn
经　　销:全国新华书店	http://cugp.cug.edu.cn
开本:787mm×1092mm 1/16	字数:282千字　　印张:11
版次:2016年12月第1版	印次:2016年12月第1次印刷
印刷:武汉市籍缘印刷厂	印数:1—1000册
ISBN 978-7-5625-3802-8	定价:108.00元

如有印装质量问题请与印刷厂联系调换

前 言

中国是煤炭资源生产和消费大国,近年来一直占全球煤炭生产和消耗量的50%以上。在全球能源紧张,替代性能源还不能满足国民经济持续发展需要的今天,煤炭资源的开采利用仍将长期持续。

中国的煤炭资源主要以井下开采为主,开采量约占总产量的95%以上。井下采煤造成的最普遍、危害最严重的问题是采空区地面塌陷及其引发的建(构)筑物变形破坏、土地资源损毁、水盐失调、生态退化等次生地质环境问题。目前或今后一段时间,因煤炭开采所造成的许多历史遗留环境问题将长期困扰着煤矿区的发展,并且造成因城市化而日益严重的耕地资源紧缺等问题进一步恶化。这些问题在煤矿资源富集的黄淮海地区显得尤为突出和严峻。

黄淮海平原即广义的华北平原,主要由黄河、淮河和海河交互冲积而成,是中国东部大平原的主体,自古即是中国政治、经济和文化的核心区域,是多种粮食作物的主要产地,也是煤炭、石油、化工和钢铁生产的重要基地。在黄淮海平原分布着多个全国知名大型煤炭开采企业,多年的煤炭资源开采造成了河北唐山、山东济宁、江苏徐州、河南永城、安徽淮南淮北等地出现了大量的塌陷土地。更因为黄淮海平原区域地下水水位普遍较浅,塌陷之后地表大面积积水,曾经的良田转变成为湖泊滩涂,成为人类活动造成的新生湿地。

本书基于生态地质环境系统演化的相关思想,试图通过对几个典型塌陷区治理工程的梳理,探讨黄淮海平原缓倾深埋煤层采空塌陷区的综合治理技术与方法,在此基础上提炼出适合黄淮海平原采煤塌陷区的有效治理模式,并提出一系列治理关键技术,以期为同类型地区的后续治理工作提供借鉴和参考。需要强调的是,本书主要是针对煤矿区在停采且覆岩变形稳定的前提下对已经产生塌陷的地区开展的综合治理,重在对地表塌陷的治理,不涉及地下空间的充填和治理工作。

本书内容共分为6章。第一章主要阐述采煤塌陷区地质环境综合治理所涉及的相关专业术语,并对本领域相关研究方向的国内外研究现状进行综述;第二章介绍黄淮海平原富煤地区的地质环境特征;第三章论述平原区煤炭开采的地质环境效应,并在此基础上以典型案例分析的形式介绍巨厚松散层下缓倾煤炭开采造成地面塌陷的预测理论、主要技术方法以及现状评价;第四章以山东邹城太平采煤塌陷区生态地质环境综合治理工程为例,论述塌陷区生态地质环境调查和综合治理的理论及技术方法;第五章主要总结黄淮海平原4个典型治理区综合治理模式和主要技术手段,并对不同的治理模式进行综合效益评价;第六章则在深入梳理相关治理技术方法的基础上提出黄淮海平原缓倾深埋煤层塌陷区生态环境综合治理的范式。

本书是中国地质大学(武汉)矿山地质环境研究课题组在近几年开展采煤塌陷区综合治理研究的基础上整理而成,并借鉴了同行在黄淮海平原地区的一些研究成果。全书由周建伟统稿,赵书泉、柴波、陈洪年、郑晓明、王永辉、张黎明、袁磊、欧虹兵、牛立刚等参与了撰写工作。周爱国、徐恒力、蔡鹤生审阅全稿,并提出了宝贵的修改意见。在课题综合研究过程中,唐朝晖、李鑫、李洪亮、徐庆建、罗学俊、李占琪、补建伟、张彦鹏、高海燕、吴艳飞、温冰、徐文、童军、周建、姜波、刘倩、张秋霞、谢李娜、万金彪、潘希哲、李益、熊靖、罗锋、孔佑鹏等参与了研究工作。

另外,本书主要内容依托于国土资源部门近年来开展的"矿山地质环境治理"专项项目,在研究过程中得到了中国地质调查局一系列地质调查项目的资助,并受到中国地质环境监测院、山东省国土资源厅地质环境处、山东省济宁市国土资源局、山东省邹城市国土资源局、煤炭科学研究总院唐山研究院、安徽省地质环境监测总站、河南省永城市地质矿产局等单位及工作人员的大力支持和帮助,许多学者和学科同仁对本研究提出了宝贵的建议,在此衷心致谢!

限于编著者的水平,书中难免存在不妥和错误之处,敬请读者批评指正,相关意见和建议请发送至邮箱:jw.zhou@cug.edu.cn。

编著者
2015 年 12 月

目 录

第一章 绪 论 (1)

第一节 概述 (1)

第二节 基本术语解析 (2)

一、缓倾深埋煤层 (2)

二、采煤区地面塌陷 (2)

三、采煤塌陷区生态地质环境治理 (3)

四、工程治理效益 (3)

五、治理模式 (3)

六、治理范式 (4)

第三节 国内外研究现状 (4)

一、采空区覆岩控制理论研究现状 (4)

二、采空区地面塌陷变形预测理论、方法研究现状 (5)

三、巨厚松散层下地面塌陷变形预测理论、方法研究现状 (7)

四、采煤塌陷区综合治理技术研究现状 (7)

五、采煤塌陷区湿地生态修复研究现状 (9)

六、湿地岸坡植被生态修复技术研究现状 (10)

七、采煤塌陷区综合治理模式研究现状 (10)

八、治理效益评价方法研究现状 (14)

九、存在的问题及发展趋势 (15)

第二章 黄淮海平原富煤地区地质环境特征 (18)

第一节 黄淮海平原地质地理概况 (18)

一、自然地理概况 (18)

二、区域地质概况 (19)

三、煤炭资源形成及其开发利用现状 (21)

第二节 黄淮海平原巨厚松散层的基本特征 (23)

  一、巨厚松散层的定义及分布 ……………………………………………… (23)
  二、巨厚松散层的成分与力学性质 ………………………………………… (24)
  三、黄淮海平原巨厚松散层的特征 ………………………………………… (26)
 第三节 黄淮海平原典型采煤塌陷区地质环境概况 …………………………… (26)
  一、河北唐山古冶采煤塌陷区 ……………………………………………… (26)
  二、山东邹城太平采煤塌陷区 ……………………………………………… (27)
  三、安徽淮南大通采煤塌陷区 ……………………………………………… (28)
  四、河南永城陈四楼采煤塌陷区 …………………………………………… (30)

第三章 缓倾深埋煤层采空塌陷的地质环境效应及塌陷预测 ……………………… (31)
 第一节 采煤塌陷变形特征与影响因素 …………………………………………… (31)
  一、采煤塌陷变形特征 ……………………………………………………… (31)
  二、采煤塌陷影响因素 ……………………………………………………… (34)
 第二节 采煤塌陷的地质环境效应 ………………………………………………… (38)
  一、土地资源破坏 …………………………………………………………… (38)
  二、水环境破坏 ……………………………………………………………… (39)
  三、次生灾害 ………………………………………………………………… (41)
  四、景观与生态破坏 ………………………………………………………… (41)
 第三节 缓倾深埋煤层采空塌陷的理论分析 ……………………………………… (42)
  一、附加应力分区 …………………………………………………………… (42)
  二、地下开采引起的岩层移动 ……………………………………………… (43)
  三、岩层移动的形式 ………………………………………………………… (44)
  四、移动稳定后的开采影响带 ……………………………………………… (46)
 第四节 巨厚松散层下开采地面塌陷预测 ………………………………………… (47)
  一、概率积分法简介 ………………………………………………………… (47)
  二、典型研究区地层和煤炭开采概况 ……………………………………… (48)
  三、研究区预测模型的建立 ………………………………………………… (49)
  四、概率积分法预测参数的选取 …………………………………………… (54)
  五、研究区地面塌陷分布规律预测与分析 ………………………………… (55)

第四章 山东邹城太平采煤塌陷区生态地质环境综合治理技术 ……………………… (62)
 第一节 研究区地质环境概况 ……………………………………………………… (62)
  一、地理位置 ………………………………………………………………… (62)

二、地形地貌 …………………………………………………………………… (62)

三、气象水文 …………………………………………………………………… (62)

四、地层岩性 …………………………………………………………………… (63)

五、地质构造 …………………………………………………………………… (64)

六、水文地质条件 ……………………………………………………………… (64)

七、工程地质条件 ……………………………………………………………… (68)

八、采煤塌陷区基本概况 ……………………………………………………… (68)

第二节　采煤塌陷区湿地岸坡植被生态修复理论与方法 ………………………… (69)

一、采煤塌陷区湿地的特点 …………………………………………………… (69)

二、采煤塌陷区湿地生态地质环境系统的演化 ……………………………… (72)

三、采煤塌陷区湿地岸坡生态地质调查的理论与方法 ……………………… (75)

四、采煤塌陷区湿地岸坡植被生态修复理论与方法 ………………………… (77)

第三节　研究区湿地岸坡植被生态地质环境调查与分析 ………………………… (80)

一、研究区湿地岸坡植被调查 ………………………………………………… (81)

二、研究区湿地岸坡土壤及其肥力调查分析 ………………………………… (86)

三、研究区湿地生态系统现状分析 …………………………………………… (89)

第四节　研究区湿地岸坡植被生态修复技术 ……………………………………… (91)

一、湿地岸坡植被修复原则 …………………………………………………… (91)

二、常用湿地岸坡护岸形式 …………………………………………………… (91)

三、研究区湿地岸坡布设概况 ………………………………………………… (94)

四、研究区湿地岸坡植被物种选择 …………………………………………… (95)

五、研究区湿地岸坡植被恢复技术 …………………………………………… (100)

第五章　黄淮海平原典型采空塌陷区生态地质环境综合治理模式及效益评价 …… (105)

第一节　典型采空塌陷区生态地质环境综合治理模式 …………………………… (105)

一、唐山古冶塌陷区综合治理模式 …………………………………………… (105)

二、邹城太平塌陷区综合治理模式 …………………………………………… (107)

三、淮南大通塌陷区综合治理模式 …………………………………………… (108)

四、永城陈四楼塌陷区综合治理模式 ………………………………………… (110)

五、各典型采空塌陷区治理成效对比 ………………………………………… (111)

第二节　典型区综合治理模式效益评价 …………………………………………… (112)

一、效益评价的原则与方法 …………………………………………………… (113)

二、评价指标体系的建立 …………………………………………………… (114)

　　三、评价指标权重的确定 …………………………………………………… (117)

　　四、效益评价指标表征 ……………………………………………………… (122)

　　五、效益评价的计算模型 …………………………………………………… (129)

　　六、不同治理模式效益评价的结果分析 …………………………………… (132)

第六章　黄淮海平原缓倾深埋煤层塌陷区综合治理范式 ……………………… (135)

第一节　研究区采煤塌陷治理措施体系配置 ……………………………… (135)

　　一、工程措施配置 …………………………………………………………… (135)

　　二、生物措施配置 …………………………………………………………… (142)

第二节　对不同塌陷深度治理措施的优化配置 …………………………… (143)

　　一、浅度塌陷区治理措施 …………………………………………………… (143)

　　二、中度塌陷区治理措施 …………………………………………………… (144)

　　三、深度塌陷区治理措施 …………………………………………………… (144)

第三节　煤矸石堆治理措施的优化配置 …………………………………… (145)

　　一、矸石堆生态修复 ………………………………………………………… (145)

　　二、煤矸石资源化利用 ……………………………………………………… (146)

第四节　水土污染治理措施的优化配置 …………………………………… (147)

　　一、水体污染修复 …………………………………………………………… (147)

　　二、土壤污染修复 …………………………………………………………… (147)

第五节　综合治理效果的监测技术与方法 ………………………………… (148)

　　一、遥感监测 ………………………………………………………………… (148)

　　二、样地（监测点）监测 …………………………………………………… (149)

主要参考文献 …………………………………………………………………… (154)

附录1　居民调查表 …………………………………………………………… (165)

附录2　指标权重调查表 ……………………………………………………… (166)

第一章 绪 论

第一节 概述

中国是煤炭资源的生产和消费大国,近年来一直占全球煤炭生产和消耗量的50%以上。2014年国土资源部重大项目"全国煤炭资源潜力评价"成果显示,中国海拔2 000m以内煤炭资源总量达5.9×10^{12}t(其中,探获煤炭资源储量为2.02×10^{12}t,预测资源量3.88×10^{12}t),可采煤炭资源量约1.145×10^{11}t,2014年中国原煤产量约3.87×10^{9}t。目前,煤炭在中国的一次性能源结构中占65%以上,并且这一结构将长期保持。在全球能源紧张、替代性能源还不能满足国民经济持续发展需要的今天,煤炭资源的开采利用仍将长期持续。

中国煤炭资源主要以井下开采为主,其开采量占全国总产量的95%。井下作业包括掘进、储运、放顶等较多生产环节,这些环节都会对矿区及周边地区环境造成一定的破坏和影响,其中最普遍、危害最严重的就是采空区地面塌陷问题,及其引发的岩土体变形失稳、水盐失调、生态退化等次生煤矿区地质环境问题。中国人多地少,土地资源极其宝贵,大部分煤矿矿井位于耕地、林地下方,采煤塌陷将直接导致耕地、林地的破坏。大量优质耕地的破坏,使得人地矛盾更加突出,不利于社会的稳定。

另外,中国国土含煤面积广,约占国土总面积的5.7%,目前较为集中的开采区主要在华北平原、东北平原和长江中下游平原。在对这些巨厚松散层覆盖区域"三下"压煤进行开采的过程中,尽管按照传统方法留设了保护煤柱,但在地表保护区域内的建筑物仍旧受到了比较严重的破坏,出现了地面最大下沉值接近甚至大于煤层开采厚度、地面塌陷范围有较大扩展、边界处水平移动值大于下沉值、地表移动活跃期短却剧烈、塌陷量集中、地表稳定所需时间长以及对土地资源和建(构)筑物危害大等独特现象,对塌陷影响区内的居民人身和生命财产安全造成了严重的威胁。据统计,在华北地区,煤炭的万吨开采塌陷面积约为$0.3hm^2$。随着国民经济发展对煤炭需求的日益增加,煤炭工业也将持续高速发展,煤炭产量不断提高,采煤塌陷区面积也将持续扩大。

自1988年国务院颁布《土地复垦规定》以后,特别是近年来随着国民经济的发展与环保重视程度的提高,中国采煤塌陷区地质环境治理发展迅速。传统的采煤塌陷区治理主要以土地整理、土地复垦为主,停留在铲、挖、垫、平等工程措施上,将塌陷区土地恢复为耕地、林地、渔业水产养殖区域和建设用地。在平原地区,一般采煤塌陷区塌陷之前都是农业用地,治理中农业复垦占的比重较大,绝大多数都是恢复为耕地和林地。在塌陷区土地农业复垦的基础上,对采煤塌陷区湿地进行统一规划、综合整治,确保土地资源动态平衡;充分利用塌陷区丰富的水资源,修复植被、完善生态系统结构和功能,推进塌陷区土地的综合利用和生态系统的修复;建立和谐的采煤塌陷区生态系统,改善居住环境,提高矿区人民生活质量,才能实现社会经济和生态环境的可持续发展。

黄淮海平原是中国主要的成煤区域,分布着开滦矿业集团、兖州矿业集团、徐州矿务集团、淮北矿业集团、淮南矿业集团、永煤集团等全国知名大型煤炭开采企业,多年的煤炭资源开采造成了河北唐山、山东济宁、江苏徐州、河南永城、安徽淮南淮北等地出现了大量的塌陷土地。更因为黄淮海平原区域地下水水位普遍较浅,塌陷之后大面积积水,发展成为湖泊滩涂,进而演化为人类活动造成的新生湿地。

采煤塌陷区湿地既非自然形成的湿地,也非纯粹的人工湿地。目前国内外采煤塌陷区湿地很多,依托采煤塌陷区湿地建设的湿地公园也不少,但是针对采煤塌陷区湿地的理论研究较少。经过几十年甚至上百年的开采,近年来采煤塌陷越来越严重,影响区域也越来越大,同时人们的生态、环保和可持续发展意识不断提高,对采煤塌陷区生态修复与重建的理论研究正在成为热点。

本书编著者希望通过对已有研究工作的梳理,归纳总结黄淮海平原采煤塌陷区的主要治理模式和关键技术,以期对后续治理工作提供借鉴和参考。需要强调的是,本书主要是针对煤矿区在停采且覆岩变形稳定的前提下对已经产生塌陷的地区开展的综合治理,重在地表塌陷的综合治理,不涉及地下空间的充填和治理工作。

第二节 基本术语解析

一、缓倾深埋煤层

煤层的倾角是煤层层面与水平面所夹的两面角。根据当前地下开采技术,中国将煤层按倾角分为 4 类,其中角度在 8°~25°之间的被称为缓倾(斜)煤层。

煤层埋深是指从地表到煤层顶板之间的距离。在国内,一般将埋深小于 150m 的煤层称为浅埋煤层,大于 150m 的统称为深埋煤层。当然,还有一些学者附加有基载比、顶板特征来对煤层埋深进行定义和归类。

二、采煤区地面塌陷

地面塌陷是指天然洞穴或人工洞室上覆岩土体失稳突然陷落,导致地面快速下沉、开裂的现象和过程。地面塌陷造成的地面变形量大,变形速度快,且具有突发性,事前往往很难准确判断发生的时间。加之其发生过程可导致地面建筑物开裂、倒塌甚至整体陷落,公路、桥梁扭曲错断,农田肢解以及大量的人员伤亡,所以,地面塌陷是人类面临的一种严重的地质灾害。

而对于大面积的缓倾煤层,开采后顶部岩层失去支撑,在自重作用下发生弯曲、张裂、冒落,开采后岩土体并不是马上破坏,地面也不是马上下沉和陷落,其应力应变特征往往表现为一种渐变现象,并在地表形成塌陷坑或下沉洼地的现象。为了区别于突发性的岩溶塌陷和一般性的采空塌陷,矿业学界一般将这种地面塌陷形式称为地面沉陷。

在国外,无论是地面塌陷或是地面沉陷,一般均称为 land collapse 或 land subsidence。为了论述的方便,也考虑到国内生产单位和国土资源管理部门一般将受采煤影响而沉陷的土地称为塌陷地,本书中将这种缓变性的地面沉陷也统称为地面塌陷。

三、采煤塌陷区生态地质环境治理

与大区域地质体相比,煤矿区地质环境系统是人工-自然复合系统,系统中的人工活动十分强烈,尤其是在岩土物质侵蚀、搬运、堆积等方面所造成的元素迁移、聚集效应和随之发生的生物效应强烈扰动地下水渗流场、应力场和化学场,改变原有系统的演化方向。充分采动后,岩、土、地下水的天然时空结构被改造,由人工-自然复合作用导致的矸石堆占压土地、水土污染、地下水资源量减少、植被覆盖率降低、水土流失等问题成为塌陷区内最为突出的地质环境问题。

采煤塌陷区地质环境治理是指地面岩(土)体稳沉后,在塌陷区范围内开展工程、生物、生态等多项技术措施对采煤塌陷引起的土地资源效应、水环境效应、次生灾害效应、景观与生态效应等进行综合整治,人为提高自然生态系统的自组织能力,净化由土壤、部分母质及包含在其中的水分、盐分、空气、有机质等构成的地下空间实体,重建生态地质环境系统,保障社会经济可持续发展与居民安居乐业,构建和谐社会的综合一体化治理工程。

需要说明的是,采煤塌陷综合治理研究的另一方面即是包括前文所述的采空区充填、保留矿柱,并协同加固地面建筑物及其他重要地物的防控治理模式,以防范地质环境问题的发生(可细分为规划管理型、动态监测型、应急治理型等具体模式)。本书所提及的对象是中国黄淮海平原缓倾深埋煤矿区多年累积的未加防控的采煤塌陷及其引发的次生地质环境问题,故而应采用注重治理技术有效性和适用性的后效治理模式,针对塌陷区地面岩(土)体稳沉后的地质环境问题进行综合治理。

四、工程治理效益

效益(benefit)是指效果与利益。通俗一点讲,效益是指项目对国民经济所做的贡献,它包括项目本身得到的直接效益和由项目引起的间接效益。效益是指劳动(包括物化劳动与活劳动)占用、劳动消耗与获得的劳动成果之间的投入产出比较。

劳动成果的价值超过了劳动占用和劳动消耗的代价,其差额为正效益,即产出多于投入;反之,则为负效益。用同样多的劳动占用、劳动消耗获得的劳动成果多,效益就高;反之,效益就低。效益的高低,可以反映一个国家、地区、部门或者企业的经济管理水平。提高效益从宏观上讲是社会发展的物质保证,从微观上讲是企业前景兴隆的标志。

而工程治理效益,是指通过对工程治理项目的实施所创造的成果与所付出的代价之间进行比较,用来评价工程实施的有效性和利益。工程治理效益评价一般从经济、生态、社会效益及三者的综合效益着手。

采煤塌陷区地质环境是受多方面因素制约的复杂巨系统,地质环境效应具有高度叠加性,为了更好地解决采煤塌陷区地质环境治理问题,推动环境治理研究的发展,对工程治理效益的评价与总结具有极大的必要性。

五、治理模式

模式是指事物的标准样式,在古代已有相关论述。《魏书·源子恭传》:"故尚书令、任城王臣澄按故司空臣冲所造明堂样,并连表诏答、两京模式,奏求营起。"宋张邦基《墨庄漫录》卷八:"闻先生之艺久矣,愿见笔法,以为模式。"清薛福成《代李伯相重锲洨滨遗书序》:"王君、夏君表章前哲，以为邦人士模式，可谓能勤其职矣。"

在现今表述中，模式则一般指一种认识论意义上的确定思维方式，是人们在生产生活实践中所积累经验的抽象和升华。简单地说，就是从不断重复出现的事件中发现和抽象出的规律，是对解决问题形成的经验的高度归纳总结。只要是一再重复出现的事物，就可能存在某种模式，如管理模式、设计模式、安全模式等。

本书所述内容主要是通过对黄淮海平原地区采煤塌陷区的矿山地质环境治理工作进行梳理和归纳，总结出比较成型且高效益的塌陷区地质环境治理模式，以期为以后的该区域治理工作提供借鉴与参考。

六、治理范式

范式（paradigm）源于古希腊文"paradeiknunai"，15 世纪发展为"paradeigma"形式的拉丁文，由该词可引申出规范（norm）、范例（exemplar）、模式（pattern）等含义（罗珉，2006）。

在科学研究中，"范式"最早由麻省理工学院教授托马斯·库恩（Thomas Kuhn）于 1962 年提出，并在《科学革命的结构》（*The Structure of Scientific Revolutions*）中予以系统阐述，是指一个共同体成员所共享的信仰、价值、技术等的集合，一般用来表征某些被公认的范例（Thomas Kuhn，1970）。随后，范式广泛应用于社会学、管理学等社会学科。在自然科学领域，范式较早出现在生态学研究中，为生态学的发展发挥了重要的作用。

煤矿山环境是受多方面因素制约的复杂巨系统，地质环境效应具有高度叠加性。为了更好地解决采煤塌陷区地质环境治理问题，建立具有普遍特质且有一定理论体系的塌陷区地质环境综合治理范式具有极强的紧迫性与必要性。

第三节 国内外研究现状

英国、美国、澳大利亚等矿业发达国家有着较长的大工业采煤历史，其煤矿区地质环境问题治理的理论研究和工程实践均起步较早。中国大规模开发煤炭资源的历史较短，但短期内的开采规模、开发强度达到甚至超过了部分工矿发达国家，且由于法规不完善、监管缺位及矿区地质环境研究的不到位等，引发的地质环境问题更为严重，煤矿区地质环境治理的理论研究很大程度上滞后于现阶段矿业发展的需求。

一、采空区覆岩控制理论研究现状

（一）国外研究现状

自长壁开采技术投入煤炭生产活动以来，采场周边的覆岩控制就一直是采矿学科研究的核心问题之一。覆岩控制理论在 20 世纪得到较快的发展，比较有代表性的理论如下。

1. 压力拱假说

1907 年俄罗斯学者普罗托基亚科诺夫提出了"拱形冒落论"。1928 年德国学者 W. Hack 和 G. Ginitze 补充说明了该理论，并提出了"压力拱假说"（钱鸣高，2003）。该假说认为煤层采出后采空区上方的岩层在自平衡作用下会形成一个拱形的结构，即"压力拱"，拱的两个脚分别是采空区前后方的煤柱或充填体。

2. 悬臂梁假说

1916年德国学者施托克(K.Stoke)提出了"悬臂梁"假说(刘文涛,2004),该假说解释了工作面前方出现的支承压力及工作区出现的周期来压现象。

3. 铰接岩块假说

1954年苏联学者库兹涅佐夫提出了"铰接岩块假说"(钱鸣高,2003)。该假说将采空区上方被破坏的岩层分为垮落带和移动带。垮落带分上、下两部分,上部排列规则,下部杂乱无章,无水平挤压力;移动带岩块之间互相铰接,随着垮落带的下沉而整体规则下沉。

(二)国内研究现状

从20世纪50年代起(鄢继选,2010),中国的一些矿区陆续建立了岩土体移动变形观测站,并基于对观测数据的综合分析,揭示了在煤层开采过程中上覆岩土体的移动变形规律,取得了较丰硕的成果。

1. 砌体梁理论

20世纪60年代,钱鸣高等基于对阳泉、开滦、大屯和孔庄等矿区岩层移动的实际测量,结合预生裂隙假说和铰接岩块假说,提出了采空区上覆岩层的"砌体梁"式结构力学模型(缪协兴,1995;钱鸣高,1995),该模型研究了裂隙带形成结构的平衡条件。砌体梁理论认为采空区上覆岩层的结构是由若干层硬岩组成,岩层组合中的软岩视为硬岩层的载荷,硬岩层产生断裂后,岩块受水平推力的作用形成铰接结构。

2. 传递岩梁理论

20世纪80年代,宋振骐等基于大量的现场观测提出了"传递岩梁"理论。该理论认为,支架对岩梁的作用决定了老顶对支架的作用,存在限定变形和给定变形两种方式,并给出了支架-围岩作用的位态方程(宋振骐,1988,1996)。

3. 关键层理论

20世纪80年代后期,钱鸣高提出了岩层控制的"关键层理论"(钱鸣高,1996,1998;许佳林,1999)。该理论认为,在采空区上覆的若干岩层中存在一层或者多层对岩体移动变形起主要控制作用的岩层,即"关键层"。关键层判别的主要依据是看发生断裂时该岩层上部岩层的下沉是否与其协调一致,当上部全部岩层下沉一致时,该层称为主关键层;部分岩层下沉一致时,称亚关键层。

此外,其他学者也在采场覆岩结构和运动规律理论方面做了大量卓有成效的研究工作,进一步丰富和完善了覆岩控制理论。

二、采空区地面塌陷变形预测理论、方法研究现状

1. 国外研究现状

国外关于煤矿地面塌陷的预测起步很早。早期的发展包括15世纪比利时和英国对预防开采损害进行立法。1838年多里斯基于对比利时列日城的采动影响调查提出了"垂线理论",后来高诺特(Gonot)将它发展为"法线理论"。杜马特(Dumont)对法线理论进行修正后提出了"地面下沉量"的概念,计算公式$W=m\cdot\cos\alpha$。式中,m为开采厚度,α为煤层倾角。1876年德国学者依琴斯凯(Jicinsky)提出了"二等分线理论",1882年耳西哈(Oesterr)提出了"自然

斜面理论",1885年法国学者法约尔(Fayol)提出了"圆拱理论",豪斯(Hausse)提出了"分带理论"(郝庆旺,1986)。

20世纪,开采塌陷学进入了快速发展阶段,主要有3个方向:非连续介质力学、连续介质力学和经验方法(孟凡迪,2012)。1913年艾卡特提出岩层移动源于各分层逐层弯曲的观点(阿维尔辛,1959)。1919年莱曼提出观点认为地面塌陷类似于一个褶皱的形成过程。1925年凯因斯特首次提出岩层水平移动的计算公式 $U=W \cdot \tan\phi$,式中,ϕ 为地面某一点和开采中心的连线与铅垂线之间的夹角。1950年波兰学者克诺特(Knothe)提出"几何理论",得到了正态分布影响函数。布德雷克解决了该理论中下沉盆地的水平移动和水平变形问题(代巨鹏,2011)。1945年萨乌斯托维奇根据弹性基础梁理论得到了波动性下沉剖面,解释了塌陷盆地边缘的鼓起现象(刘宝琛,1983)。1954年波兰学者李特维尼申(J. Litwiniszyn)提出了"随机介质理论"(刘宝琛,1965)。该理论将岩层的移动视为一个随机过程,并推证出地面下沉曲线服从柯尔莫奇罗夫方程。1965年该理论被中国学者刘宝琛和廖国华发展为概率积分法(煤炭科学研究院北京开采所,1981)。

20世纪70年代,随着计算机的广泛应用,数值模拟计算在开采沉陷计算和沉陷机理分析中的应用越来越多,原西德学者克拉茨(H. Kratzsch,1974)概括总结了煤矿开采沉陷的预测方法,并出版了《采动损害与防护》一书。20世纪80年代以后,开采沉陷理论体系不断完善,地表沉陷变形计算逐步向自动化、智能化和可视化的方向发展。如波兰 Ryszard Hejmanowskj 等(2008)采用空间统计方法对沉陷预测进行了研究。

2. 国内研究现状

中国对地面塌陷规律的研究起步于20世纪60年代初(孟凡迪,2012)。1963年唐山煤炭研究所基于实测资料建立了描述地面下沉盆地的负指数剖面函数;1981年中国矿业学院和峰峰矿务局合作提出了适用于峰峰矿区地面塌陷的典型曲线;1981年何国清、王金庄和马伟民等建立了"碎块体理论",并研究出了地面塌陷的威布尔分布(于楷,2011)。刘天泉等通过深入研究采空区上覆岩破坏和地面移动变形的规律,提出了地面塌陷量的计算方法(刘天泉,1995)。周国铨等提出了地面移动变形的负指数函数计算方法(周国铨,1983)。王泳嘉等将离散单元法和边界元法应用到地面移动变形的研究中(邢继波,1990)。麻凤海利用离散元法研究岩层移动的时空过程(麻凤海,1996)。吴立新等建立了适用于条带开采覆岩破坏的托板理论(吴立新,1994)。唐春安利用线弹性有限元法对岩体失稳破坏的过程进行了研究(乔河,1997)。1997年于广明应用分形及损伤力学研究了地面塌陷中岩层非线性影响的地面塌陷规律(于广明,1997)。于保华等对深部开采的地面塌陷规律进行了数值模拟研究(于保华,2008)。滕永海综合研究了深部开采条件下地面的塌陷特征及移动变形指标的变化规律,提出了地面塌陷的非线性机理和规律(滕永海,1998)。1995—1997年,颜荣贵、李永树、郭增长、戴华阳、汤伏全、贺跃光等对传统的概率积分法进行了改进,使它适用于不同地质采矿条件下的地面塌陷预测(颜荣贵,1995;郭增长,2004;戴华阳,2004;汤伏全,2008)。

经过众多学者的多年努力,目前已经建立起多种关于地面塌陷的预测方法,主要有概率积分法、典型曲线法、剖面函数法、威布尔分布法、积分格网法、双曲函数法、样条函数法、皮尔森函数法、山区地面移动变形预测法、条带开采预测法和三维层状介质理论预测法等(余学义,2004;国家煤炭工业局,2000;邹友峰,2003)。

三、巨厚松散层下地面塌陷变形预测理论、方法研究现状

1. 国外研究现状

文献检索表明,国外对巨厚松散层下采煤地面移动的规律和深厚土体工程性质的研究并不多。关于巨厚松散层的研究主要涉及松散层下抽水和洞室开挖引起的地面沉降,石油开采造成的沉降、土层地基沉陷等问题。苏联厚含水松散层覆盖的顿巴斯和西顿巴斯矿区的地面观测数据表明,矿区地面下沉系数为0.85,水平移动系数为0.40,最大下沉角为90°,剧烈下沉期占总移动期的70%,剧烈期的下沉值占最大下沉值的97%(Gray,1990;Peng,1992;Bauer,1985;Campo,1992;Osmanagic et al,1982;Selby,1999)。

2. 国内研究现状

中国对厚松散层下开采沉陷特殊现象的机理研究始于20世纪80年代。在地面塌陷预测方面,主要工作集中在对概率积分法原型的修正和改进上,同时也发展了一些理论方法和经验公式,对地面塌陷变形进行预测(刘义新,2010)。

王金庄、李永树等通过研究巨厚松散层下开采地面沉陷的规律认为,地面下移动盆地主要受采空区上覆岩层中形成的断裂拱控制,地面的下沉是由基岩表面的沉陷空间向上传递引起的,提出将巨厚松散层下开采的地面移动视为双层介质模型,下层基岩看作弹性介质,从梁弯曲的角度研究,上部松散层用统计分析的理论来研究,地面的移动变形是基岩和松散层二者的叠加(王金庄,1997)。陈祥恩、李德海、勾攀峰等通过对两淮、永夏等矿区的观测,发现这些矿区的地面下沉系数通常都大于1,淮南潘一煤矿的下沉系数甚至达到了1.63。通过研究发现土体和岩体的下沉机理有明显的不同,尤其是在厚含水松散层下开采时的差异更加明显(陈祥恩,2001)。闫根旺、李德海等通过研究焦作矿区巨厚松散层下开采的地面移动规律,得到了地面移动参数和地质采矿因素之间的函数关系(闫根旺,2002)。宋常胜、赵忠明等通过理论分析和模拟试验,研究了巨厚松散层下开采岩土体移动的复合介质模型(宋常胜,2003)。郝延锦、吴立新等研究该地质条件下地面移动的基本规律,并基于概率积分法,提出了地面沉陷预测的基本方法(郝延锦,2000)。

四、采煤塌陷区综合治理技术研究现状

1. 国外研究现状

国外采煤塌陷地治理从20世纪50年代就已经开始了,主要是制定有关矿山塌陷土地治理的法律和法规,采取防止土地荒芜、恢复生态环境的工程措施,成立研究机构、管理团队等,使矿区治理得到了很大的发展(刘国庆,2008)。美国于1977年颁布的《露天采矿管理与复垦法》(SMCRA)(USA,1977),对于采煤塌陷地治理是一部具有标志性意义的法律(Todd,1988)。20世纪80年代以来,有关矿山的国际会议中,塌陷地复垦常常被作为主要的论题。1992年巴西"世界环境与发展大会"上制定《21世纪议程》后,采煤塌陷地土地复垦和生态重建工作引起了普遍重视。澳大利亚、俄罗斯、美国、加拿大、英国等相继成立相应管理机构,对采煤塌陷地进行综合治理和开发利用,取得了良好的效果(孙岩,2006)。美国学者道格拉斯罗韦1996年在他的著作《矿山环境恢复治理》中提出建立矿区塌陷地恢复保证金制度,目的在于为矿区塌陷地治理筹措资金,这对于矿山环境治理具有重要意义。

国外早期的采煤塌陷区治理主要是以土地复垦为目标。由于国外井下开采比例比中国低,加上人地矛盾没有中国突出,其矿区土地复垦主要是针对露天矿区和煤矸石山的生态恢复,以植树种草为主,达到生态恢复目的后很少加以开发利用。如捷克在治理采煤塌陷时,对沉降量较小的地区采取局部回填或平整的方法,沉降量较大的地区则将塌陷坑用作蓄水池,恢复的土地80%~90%用于农业和林业(卞正富,2001)。追溯起来,最早开展矿山生态恢复重建的是德国和美国,自1975年在美国召开了"受损生态系统的恢复"国际会议后,矿区生态修复的研究相继展开,采煤塌陷地生态治理的研究走向深入。1977年美国的联邦法强调了生态过程的重要性,在传统矿区土地复垦的基础上,要求生物多样性、永久性、自我持续性和植物演替。自此以后,矿区治理过程中植被的演替、植物种群的选择与适宜性等问题也得到了深入研究。德国学者科瑞奇曼运用景观学、矿山环境学、区域学等理论,充分利用塌陷地实际条件,为德国鲁尔矿区规划了4种开发模式。经过几十年建设,鲁尔矿区由采煤塌陷地成功变为旅游公园兼产业园区和商贸中心。2003年,澳大利亚学者霍布斯在《矿区环境保护与复垦技术》一书中提出了矿区生态恢复与重建理论,为澳大利亚矿山的生态保护奠定了理论基础(王岩,2010)。近一二十年来,主要研究成果还包括矿区生态环境变化机制与恢复研究,CAD与GIS在土地复垦及生态环境恢复效果检测中的应用(Bell,1999),矿山复垦与周围社会经济发展的综合考虑,清洁采矿工艺与矿山生产的生态保护等。

2. 国内研究现状

国内对采煤塌陷治理源于20世纪70年代部分塌陷区农民用煤矸石充填塌陷地以恢复基建用地,并在塌陷水域进行小规模养殖的实践。对采煤塌陷的研究和综合治理始于20世纪80年代,并开始走上法制化道路。1988年,国务院颁布《土地复垦规定》,明确规定"谁破坏,谁复垦"。《土地复垦规定》颁布以前,国内主要停留在借鉴国外经验、对不同破坏类型的土地复垦技术的研究上,一般都是复垦成耕地、林地、建设用地或小型养殖区,且研究的基本都是工程技术。在土地复垦的实践中,人们意识到理论知识比较匮乏,同时逐步意识到生态环境的重要性,因而各种理论研究成果涌现(胡振琪,1996;白中科,2001)。1998年开始,国家对采煤塌陷治理加强了指导,加大了投入,参与理论研究的人员开始趋向高学历和多学科背景,研究成果也越来越全面和深入。同时,人们对生活环境要求越来越高,使得采煤塌陷的治理还要具有附加功能,如满足一定的景观学、社会学和经济学的要求,因而诞生了一些采煤塌陷区湿地和湿地公园,也促进了采煤塌陷区生态环境、生态系统、植被修复、动植物资源等的研究(王雪湘,2009;叶东疆,2011;常江,2012)。

目前,国内采煤塌陷地的治理已经初步形成了一定的模式,并有了总结性的描述,如针对不同地区不同类型的采煤塌陷,采取不同的治理模式。高彦生等(2009)结合济宁地区采煤塌陷地的特点,提出的综合治理模式包括农业模式,农业、水产等并举模式,旅游模式,综合利用加旅游风景模式。乔冈等(2012)归纳了5种不同类型采煤塌陷区矿山地质环境治理的模式。陆鑫(2012)归纳了根据采煤塌陷地类型和治理实践的治理方法,将采煤塌陷地分为浅层塌陷地、中度塌陷地和深度塌陷地,分别采用不同的治理思路,根据采煤塌陷地治理的实践,提出疏排法、挖深垫浅治理法、充填治理法、围堰分割法、动态预复垦技术等。总体来说,现阶段的采煤塌陷区治理,已不是单纯的土地复垦,而是以生态环境治理为目标来总体布局、合理规划,是为了实现人与自然和谐相处、资源和环境永续高效利用,促进经济和社会可持续发展。

五、采煤塌陷区湿地生态修复研究现状

1. 国外采煤塌陷区湿地生态修复研究现状

国外是在土地复垦的基础上开展对矿区复垦土地的再利用工作,从原来的以农、林业为主,逐渐发展到建立休闲娱乐场所的治理模式。国外主要研究休闲场所植被和水域的景观构建,休闲娱乐和矿区生态保护以及矿区资源再利用相结合的景观设计方法;同时,由于生态意识逐渐增强,重构生态系统的要求越来越受到重视,因而生态修复工作逐渐由单一的土地复垦模式转向混合型土地复垦模式,充分营造农林用地、水域、人与自然和谐共生的空间(章莉,2009)。

20世纪80年代期间,美国、西欧等一些发达国家和地区开展了一系列针对生态修复的工程实验。英国和美国将矿区塌陷洼地恢复为林地、草地、农地,并改造成娱乐场所和野生动物栖息地(纪万斌,1998;卞正富,2000);德国科隆市西郊的采煤塌陷洼地改造成林地和沼泽之后,成为了众多水鸟和其他动物的栖息地。德国鲁尔矿区改造过程中,除了对煤矸石的充分利用外,还对矸石山采用特殊处理方法使之形成表土,种草植树,同时还营造出湖泊、陆岸等不同景观,打造人与各种动植物和谐共处的生态环境,使采煤塌陷区成为了人们可以游玩休闲的自然保护区。

2. 国内采煤塌陷区湿地生态修复研究现状

由于人们对于人居环境要求越来越高,人与自然和谐共存的愿望越来越迫切,而传统的土地整理、土地复垦模式下的采煤塌陷地治理不能很好地达到修复矿区生态、彻底改善环境的目的。经过不断的探索,近20年来,一些地下水埋深浅的平原采煤塌陷区,以生态农业为主要治理目标,将采煤塌陷积水区及周边区域打造成人工湿地用于环境问题的治理和矿区生态修复。人工湿地具有净化水质、保持水土、保护动植物资源等作用,部分兼具养殖功能。针对建设采煤塌陷区人工湿地开展的研究涉及人工湿地规划布局,植物群落选择及布局,人工湿地养殖模式,生态工程设计,人工湿地除污效果分析等(朱棣,2004)。如渠俊峰等(2008)以徐州九里人工湿地为案例研究了平原区高潜水位采煤塌陷区建设人工湿地的条件以及建设人工湿地的方法。此后,有了对采煤塌陷区湿地动植物资源的研究。王雪湘等(2009)在对唐山采煤塌陷区湿地开展了动植物资源的调查统计后,进行了生物多样性分析和评价,并对影响生态环境的环境因素提出了很多改进对策。另外,还有对塌陷区湿地水生植物、藻类特征及其环境效应的一些研究(于振红,2007)。

中国有不少学者研究采煤塌陷区的开发利用问题,在生态修复理论和技术方面累积了不少经验。但与美国、俄国等相比,塌陷区土地开发利用率仍然不高。在采煤塌陷湿地利用方面,国内主要有以下几种方式:①改造成运动绿地,如湿地高尔夫球场;②湿地型污水处理池;③游憩、生产、景观等多位一体的模式;④湿地公园游憩模式(钱莉莉,2011)。

近年来,在采煤塌陷区生态修复的基础上,合理开发利用塌陷区丰富的土地资源、水资源已经逐渐成为热点,一批基于采煤塌陷区生态修复而建立的湿地公园先后诞生,比较著名的成功案例有唐山南湖湿地公园、淮北东湖湿地公园和南湖湿地公园等。安徽省淮北市作为中国最早的土地复垦示范区之一,土地复垦利用率约达50%,但仍低于发达国家水平(刘飞,2009)。

采煤塌陷区湿地生态修复虽然没有成熟的理论体系和操作规范,但已成为国内外采煤塌陷区治理的首要选择,并具有了大量实践经验和成功案例。

六、湿地岸坡植被生态修复技术研究现状

岸坡植被生态修复是集生态学、植物学、岩土工程、土壤-植物营养学等学科于一体的综合工程技术。目前较为成熟的技术主要用于铁路、公路、水利工程等开挖后裸露边坡的植被修复,欧美和日本等一些发达国家有了比较先进成熟的理论及技术,中国这方面的研究开始于20世纪90年代中后期,如今也积累了一些宝贵的成果和经验(高强,2005)。由于专门针对采煤塌陷区湿地岸坡植被修复的研究几乎没有,在实际工作中也可以借鉴其他湿地、河岸、库岸等的植被修复技术。

1. 国外湿地岸坡植被生态修复技术研究现状

国外在护岸技术对环境和生态的影响方面研究较早,一些学者认为混凝土护岸会引起生态与环境的退化。国外植物护岸应用研究比较多,主要考虑植物根部对土壤的加固作用,对利用植物树干枝叶护岸消浪促淤的研究较少(赵辉,2010)。瑞士、韩国、德国和日本等国的技术人员均提出了一些生态护岸技术,有一些被称为"土壤生物工程"。欧美一些国家常用的是土壤生物护岸,主要原理是利用植物与气候、水文、土壤等的作用来保持岸坡稳定,通过植物对坡面的有效覆盖,根系降低土壤孔隙水压来加固土层和提高抗滑能力,有时与工程技术结合进行综合保护,提高防护使用年限,主要包括植草、植树等生物方式。美国新泽西州雷里坦河的生物护岸工程是用可降解生物(椰皮)纤维编织袋装土,形成台阶岸坡,然后栽种植被。这种护岸或固堤形式可防止土壤冲走,能承受较大的冲刷力。经受了一次飓风洪水考验后,证实了生物护岸工程的可靠性(戴尔,2000)。

2. 国内湿地岸坡植被生态修复技术研究现状

天津市东南部的北大港水库植物护岸选择具有护岸功能的植物进行栽植试验,经过科学的筛选,对植物的固坡机理和生态效应进行了详细研究,选择了西伯利亚白刺、大滨菊、碱蓬、马蔺、金娃娃萱草和狗牙根等进行实地栽种。经研究,这种生物护岸能有效地保护坝坡,减少工程维修量,节省人力、物力、财力,还可使坝坡绿化,美化环境。珠江三角洲新会、斗门外滩栽种于20世纪80年代的落羽松、水松,具有明显的阻流护土、防风固滩功能(赵辉,2010)。江苏省西南部丹金溧漕河在河道整治时采用了一种集护岸、生态环保、美观于一体的新型柔性生态岸坡防护设计,该设计采用有利于植物生长的多孔透水材料,尽量不使用不透水的硬质材料,利用柔性网格及植物根系和枝茎的固定作用,使整个材料连为一体,形成整体变形自适应的柔性防护体系,在增强岸坡抗冲刷能力的同时,还能改善生态环境(张桂荣,2012),对保护生物多样性也具有重要意义。据估算,植被护岸与块石或混凝土砖块护岸相比,每平方米可节省约10元费用(王天祥,2011)。

总的来说,国内外岸坡植被生态修复技术很成熟,各种新材料、新技术众多且应用广泛,对修复后的岸坡监测和维护也很到位。

七、采煤塌陷区综合治理模式研究现状

采煤塌陷区地质环境问题具有广泛性和特殊性,而不同的治理模式各自有其适用方向。

典型治理模式可归纳为强工程治理模式、强生态治理模式、强生物治理模式、多元复合治理模式、生态时效治理模式等(陈奇,2009)。而治理模式又由若干技术方法组合而成。治理技术按其学科归属领域可划分为工程治理技术、生物治理技术及生态修复技术。工程治理技术是最基础也是应用最为成熟的技术,在早期采煤塌陷区治理中支撑以土地平整、复垦为核心的治理任务;随着科学技术的发展与环境质量要求的提高,生物技术开始应用于矿区环境治理中,较大地提升了水土环境治理成效;生态修复技术综合工程与生物治理技术服务于煤矿区的生态重建,使得具有不同污损特征的塌陷区治理方案的选择有了更多的可能性,可满足多方面环境与社会需求,是目前的研究热点。

(一)强工程治理模式

强工程治理模式以工程措施为主,以生态或生物措施配套,主要适用于次生地质灾害效应和土地资源破坏效应较严重的矿区。在采煤塌陷区治理中,该治理模式以传统工程技术为基础,以土地复垦为核心任务,辅以一定的生物、生态修复技术,如营造生态林、坡面挂网覆绿等措施。

1. 国外研究进展

20世纪50年代,国外开始出现一些企业、科研机构和学术团体等对矿区进行土地治理与技术研究,政府也出台了有关法律和法规。此后,技术研究、行政管理等方面不断深化和完善,保障治理工作的顺利开展。由于经济、社会状况不同,资源禀赋情况各异,各国的土地工程复垦过程有所差异。

美国与德国是着手实施矿区土地治理工作最早的两个国家。美国仅有38%的煤炭开采量为地下井工开采,且以房柱式开采为主,塌陷系数小,治理工作的重点是露天矿区和采矿废弃土地的复垦(Darmody,1993)。德国治理工作的主要目标是恢复林业和农业用地,其复垦率达90%以上。普尔井工煤矿和莱茵露天煤矿是德国占地和破坏土地最为严重的矿业基地,复垦过程首先是剥离表土,将它单独存放留作复垦土壤,然后将煤矸石、粉煤灰等废料回填至采坑,达设计高程后覆盖留存的原生表土,平整后种植豆科牧草并适当施肥(高正文,2002)。

澳大利亚矿业较为发达,存在的问题也相应较多,经多年研究与工程实践,取得的成绩令人瞩目,现其治理技术已与其开采工艺紧密相连,甚至成为开采工艺的一部分,被认为是世界上先进且成功处理土地扰动国家的典型代表。煤矿治理工程特点:采用综合模式,实现了土地、环境和生态的综合恢复;多专业联合投入;高科技指导和支持(卞正富,2000)。

英国煤炭资源井工开采比例高达76%,且开采方法多为长壁后退式开采,其煤层厚度较薄,一般在2.5m左右,塌陷变形程度较小,主要治理方式为充填、复垦。如巴特威尔露天煤矿边采边回填,再覆土造田;阿克顿海尔煤矿井工开采产生的煤矸石用于附近露天煤矿的填充,既消除了煤矸石对周围环境的影响,也充填了矿坑(孙宝志,2004)。

此外,法国、日本、加拿大、匈牙利、丹麦等国在矿区土地治理方面也做了大量工作。选择治理模式,一般基于塌陷区的破坏状况、自然条件、经济能力等多种因素的综合评价而定(Evans,1991;Stapleton,2000)。

2. 国内研究进展

中国矿区土地复垦工作起步较晚,目前复垦率只有25%左右,而发达国家的复垦率已超过50%,且质量相对更高(李媛媛,2009)。20世纪五六十年代,中国开始有个别煤矿自发组织小规模的恢复治理工作,总体上处于分散、低水平状态;综合利用矿区土地资源开始于20世纪70—80年代,该时期基本环境工程的配套得到重视,塌陷区治理向系统化迈进。直到20世纪80年代末,中国煤矿区土地治理工作主要局限于土地资源紧张的东部地区,主要方式为矸石、粉煤灰回填及挖深垫浅两种工程措施。这一阶段的研究也取得了一批成果,如"采煤沉陷地非充填复垦与利用技术体系研究""尾矿复垦与污染防治技术""矿山生态环境综合整治及其试验示范研究"等项目的完成为矿山土地治理奠定了一定的理论与技术基础(周锦华,2007)。1988年,《土地复垦规定》和《中华人民共和国环境保护法》的颁布,是中国矿区土地复垦进入法制化时代的标志。1994年,经由国家土地管理局和国家农业开发办公室的批复和支持,在河北唐山、安徽淮北和江苏铜山实施了3个国家级的土地复垦示范工程。此后,各地的复垦试验示范基地陆续建立了多个。近10年来,随着国家对矿山地质环境保护与治理工作的逐步重视,农业、林业、生态等领域的新成果不断被引入塌陷区治理工作中。2011年,《土地复垦条例》的出台进一步推动了土地治理工作的开展。

(二)强生物治理模式

强生物治理模式是以生物技术为核心,辅以简单工程措施或采用生态措施配合对地质环境进行治理的模式,主要适用于水土污染突出的矿区。生物治理技术是实现在闭坑矿区进行生态重建的基础环节,就是利用生物工程措施净化矿区污染水体,并恢复土壤肥力与生产能力的活动。国外人地矛盾没有中国突出,且有更充足的资金与成熟的技术体系支撑他们开展长久效益的土地治理工作研究。20世纪70年代后期,国外已开始探讨矿山地质环境的生态演替过程,并对矿山植被的演替、土壤的熟化、植物种群搭配的适宜性与物种选择等问题做了较多研究。

目前,国外塌陷区土地治理的主要研究方向有:①土地的熟化和培肥;②复垦土壤的侵蚀控制;③治理成果的长效性和可持续性;④植被更新技术的研究。

将生物化学方法纳入土地治理的技术手段,也是中国矿区治理的研究热点。武胜林等(2002)运用酸碱中和法、绿肥法等生物复垦措施对焦作市煤矿塌陷区土壤进行改良,发现采用生物复垦措施后,新土壤层的容重降低,理化特性明显改善,试种作物产量增加明显。

(三)强生态模式与生态时效模式

强生态模式以生态修复技术为主,辅以适当工程措施,适用于景观与生态破坏效应严重的矿区。生态时效模式与强生态模式的区别在于无需强化,即不追求治理效果快速见效,更关注治理技术的适应性,两者技术构成相似。生态修复技术是针对环境构架的物理修复与针对污染成分的化学修复的综合技术,目的在于改善和优化矿区背景条件。

矿山地质环境治理初期,强调损毁土地的最终利用方向为农业用地,特别是耕地,然而恢复为熟化耕地成本高、周期长、产出与投入比低,且有时并不能完全发挥塌陷区既成现状的经济潜力。对于经过长期矿业开发改造致使地质环境问题多且严重的矿区,尤其是地面变形严重的采煤塌陷区,在自然环境演替规律下,采用人工工程活动完全恢复被改造前的环境状态几乎是不可能的,实际上也是没必要的。现阶段的环境治理是为了修复或建立与当地自然相和谐、社会经济发展相适应的生态系统,发掘土地和水体的生产潜力,提高地质环境系统的总体稳定性。因此,基于生态修复技术,综合运用工程治理措施与生物治理技术的强生态模式是寻求环境资源合理保护与开发的必然结果,当前研究一般将这一过程概化为生态重建。

1. 国外研究进展

1975年3月,具有里程碑意义的国际会议——"受损生态系统的恢复"在弗吉尼亚工学院召开,提出了加速生态系统恢复重建的初步设想、规划和展望(Hobbs,1996;Cairns,1977)。1980年,Cairns 在《受损生态系统的重建过程》中从不同角度探讨了生态重建过程中的生态学理论和应用问题。在1987年,美国学者 Aber 和 Jordan 首先提出了恢复生态学术语,认为恢复生态学是一门从生态系统层次上考虑和解决问题的学科,且生态恢复过程是人工设计的,在人工参与下一些发生破坏的生态系统可以恢复、改建或重建。2002年,国际生态重建学会对生态重建的最新定义是:协助一个遭到退化、损伤或破坏的生态系统恢复的过程。

进入21世纪以来,矿区生态重建更加强调不同学科领域的整合,注重生态经济和社会的整体性在重建过程中的参与。2009年在澳大利亚珀斯召开的主题为"在变化的世界中创造变化"的第19届国际恢复生态学大会研讨了当前恢复生态过程中的生物与非生物障碍、生态重建的特征及其不可逆阈值等热点(任海,2009)。

实践工程方面,美国早在20世纪30年代就着手开展生态恢复,至今已有47%的矿业废弃地恢复了生态环境。澳大利亚、地中海沿岸欧洲各国的研究重点是干旱土地退化及其生态恢复。德国较好地把景观生态学引入到矿区生态重建工作之中,取得了良好的成效(梁留科,2002)。此外,影响塌陷区生态恢复的限制因子也是研究重点之一,限制因子主要有土壤肥力和 pH 值太低(Costigan,1981),N、P 和有机质缺乏(Dancer,1977),重金属含量高(Jiang,1993),极端的物理性状等。

2. 国内研究进展

"七五"之后,中国有关部门开始支持并资助恢复生态学的研究,取得了一定的研究成果。胡振琪认为土地科学、环境科学等相关学科理论的综合应是土地复垦和生态重建的基础理论。蔡运龙的研究从景观生态学出发,提出了矿区土地重建的六大原理:因地制宜、景观格局优化、多样性与异质性、耗散结构、人与自然协调可持续发展及仿自然原形等。张新时(2010)的研究则强调自然恢复与生态重建的时间尺度差异,认为生态重建是指人为辅助下的生态活动。还有学者从技术层面进行研究(郑雅杰,1995;张甲耀,1999;于少鹏,2004),结果表明利用湿地水体中的微生物和湿地植物截留、吸收、降解污水中的污染物效果显著,人工湿地生态工程技术适宜于闭坑矿山的治理。

地貌景观破坏方面,治理工作一般从人工设计植物群落与经济开发着手。在实际工作中,多种类间作、混作、轮作,与多层次(乔、灌、草、水体等)结构配置,或农、林、牧(草)、副、渔的多种经营组合与经济需要相结合的"农林牧复合系统"十分符合生物多样性原则,近年来得到较多重视。例如,中国科学院南京地理与湖泊研究所实施的滇池湖滨带生态环境重建工程,用以抑制蓝藻生长,改善水质和岸带景观(许木启,1998;梁威,2000),恢复水陆交错带的生态系统。煤矿区景观重建应以景观异质性作为规划设计标准,使重建景观与周围地区生态价值相协调(Sklenicka,2002)。如徐州、淮北等煤矿塌陷积水区因地制宜被改造成湿地公园——徐州九里湖公园(面积370hm^2)、淮北南湖公园(面积210hm^2)(杨叶,2008)。而生态破坏主要是指矿区水土流失、水盐失调、植被覆盖率降低等问题,其形成过程伴随矿山环境的改变,属于累进性问题。这些问题的治理对策总体可以归纳为修复水文地质结构、运用生物工程涵养水土等。

(四)多元复合模式

在实际工程应用中,待治理的矿区往往问题成堆,尤其是经过长期开发改造的采煤塌陷区,呈多种地质环境问题复合、多种地质环境效应叠加的复杂状况,需要针对治理对象特征,调用多方面技术,采取适宜的工程措施进行综合治理,治理模式可以归并为多元复合模式(武强,2010)。

该模式强调治理工程的针对性和有效性,在当前矿山治理,尤其是采煤塌陷区内的地质环境治理工程实践中发展迅速。

八、治理效益评价方法研究现状

迄今,关于采煤塌陷区地质环境治理模式效益评价的专门探讨尚不多见,相关报道多见于土地复垦和污染治理的措施方法方面(胡振棋,1995;王永生,2006;赵仕玲,2007)。在环境治理工作中,对不同治理模式和各类技术措施的应用效果进行科学评价,不仅能加强后期治理工作的针对性与科学性,还可丰富环境治理理论,对规范与指导采煤塌陷区地质环境治理工程具有重要的现实意义。

地质环境治理工程效益评价属于项目后评价,必须兼顾生态与社会效益,并与经济效益相协调,即全面评价整个生态系统的优化程度(周富春,2013)。采煤塌陷区地质环境治理效益研究起步较晚,尚未形成一套特色鲜明、系统性强与适应性广的效益评价指标体系及数学分析模型。一般的水土保持、土地整理、石漠化、荒漠化等其他环境治理领域的效益评价流程是:首先,根据评价目标,选取可反映治理效果的且代表性的评价指标,建立效益评价指标体系;其次,确定各个指标在指标体系中的相对重要性,即权重;再次,把各治理区提取到的实测指标值计算转化为无量纲的标准化值;最后,建立数学模型,计算治理效益。

1. 指标体系的构建

治理效益由评价指标来直观体现,指标体系构建的合理与否可直接影响到评价结果的合理性。因而,评价工作的首要任务是建立一套全面、准确、客观并能量化反映治理成效的指标体系。

在实际工作中,众多研究人员运用不同的方法提出了各具特色的评价指标体系。如李智广等(1998)对国内主要指标体系进行了分析和归类。王军强(2003)选取了三大类9个指标对陕北黄土高原的治理效果进行评价。刘拓(2005)按照系统分析理论和生态经济学理论,确定了以生态效益指标为核心,兼顾社会效益指标与经济效益指标相互作用、相互联系的评价指标体系。

评价指标选取的基本依据是指标选取原则,而该原则仍停留在探讨阶段,尚未统一。除去因地制宜的因素外,不同学者针对同一研究领域提出的指标体系仍差异较大,具有一定的随意性、混乱性,且部分指标内涵指向性或界限模糊,难以量化,影响评价结果的客观性与科学性。可见,指标选取原则还需进一步规范。

2. 指标权重的确定

指标权重表示单个指标在同一指标层次中的重要性,是相对重要程度客观度量的反映。评价结果因权重的确定方法不同而存在一定的差异,评价结果的合理性也决定于权重赋值的合理与否。随着模糊数学、集合论、线性代数等方法的引入,确定权重的方法正在从主观判断的定性分析向客观判断的定量分析方向发展(聂碧娟等,2009)。

权重确定的方法主要有主观赋权、客观赋权和主客观综合集成赋权法3类。主观赋权法是指标权重依据人们的主观经验进行判断的方法,当前应用较为成熟的有层次分析法(AHP法)、特尔菲法(Delphi法)、模糊系数法、二项系数法(程明熙,1983)、最小平方法(陈挺,1997)、环比分析法(陆明生,1986)等。客观赋权法是依据客观环境的原始数据信息确定权重的方法,主要有熵权系数法(宣家骥,1989)、均方差法、主成分分析法(严鸿和,1989)、多目标规划法(樊治平,1994)、最大离差法(王应明,1998)等。为使运算结果更加准确、客观、有效,发展出具有系统分析思想的组合赋权法,也就是主客观综合赋权法(徐泽水等,2002;宋光兴等,2004;陈伟等,2007)。

3. 效益评价方法研究

从定性到综合定量评价,从经验评价到利用数学方法的较客观评价,从单因素、单目标逐步演化到多因素和多指标,效益评价方法日渐科学。

环境综合治理的效益评价一般采用多指标评价法,适用的方法主要有层次分析法、主成分分析法、加权综合指数法、灰色关联度法及模糊综合评判法等。各种方法从不同侧面反映问题,各有优缺点。也有研究将两种或两种以上方法结合进行评价,结果具有较广泛的认同度(魏强等,2007;陈渠昌等,2007)。

九、存在的问题及发展趋势

近年,随着中国对环境污染、破坏等问题重视程度的提高,尤其是《全国矿山环境保护与治理规划》《矿山环境保护规定》等规章颁布以来,煤矿区地质环境治理及理论研究在相关科研与工程技术人员的努力下都取得了较大的实质性进展,地质环境的持续恶化得到了一定程度的遏制并有向好的趋势,但因治理研究总体上起步较晚,仍存在一些不足及较大的提升改善空间。

(一)存在的问题

1. 巨厚松散层下开采沉陷预测参数修正和沉陷影响因素研究不足

基于概率积分法,采用双层介质模型对巨厚松散层下开采沉陷问题进行的研究多采用传统的求参方法,没有考虑模型参数的特殊性。这就需要对以往的求参方法进行修正,尤其是影响半径这样的重要参数,使之更加符合巨厚松散层下的开采沉陷规律。

在对开采塌陷问题进行预测研究时,预测准确性取决于预测模型选取的合理性。以概率积分法为例,模型预测涉及多个系数和角量。不同的参数受不同的地质采矿因素影响,但各因素对参数的影响有大小之分,参数的选取首先在于对影响因素的判断上。目前对于地质采矿因素的影响研究还不够充分。

2. 缓倾深埋煤矿大面积地面塌陷区生态综合治理技术研究不足

(1)对采煤塌陷区的治理,目前大多数还是停留在土地整理和土地复垦的基础上,恢复的土地多为农用地。在治理的过程中以铲、挖、垫、平等工程措施为主,未进行系统的植物学、生态地质学等调查和研究。对采煤塌陷区治理理论研究不够,特别是生态恢复理论极少涉及,专门针对矿山采空塌陷区湿地岸坡植被修复的理论研究几乎处于空白。

(2)采煤塌陷的治理跟不上塌陷的速度,部分地区统筹规划不到位,采取各种工程措施时脱离实际,结果治完又采,采了又塌,浪费了大量人力、物力。治理时应适应区域的社会经济发展,与整个区域的规划相协调。

(3)对采煤塌陷地湿地的研究多为湿地系统内部组成部分的孤立研究,对整个生态系统的研究重视不够。岸坡植被修复缺乏系统性,大多集中于护岸技术和岸坡本身,且往往忽视已修复岸坡的演变,忽视了岸坡生态系统的自我修复和调节能力(赵广琦,2010),忽视了湿地生态系统与外部环境的相互作用,盲目采取违背生态系统规律的措施,缺乏与周边环境相互作用的综合研究。

(4)在湿地生态恢复重建方面,目前的工作多停留在物种的引入和筛选,缺乏群落结构优化配置模式的多样性研究,从而造成植物成活率和保存率低、恢复植被再度退化等问题。

3. 区域整体性治理模式和效益评价指标体系研究不足

目前各地的治理工程多是局部问题局部考量,缺乏从地区整体或系统水平的区域尺度的综合研究与示范,也缺乏对已有治理模式随着时间推移和经济发展需求的变化而变化的优化调控研究。

中国矿山地质环境治理的系统研究和工程实践很大程度上滞后于现阶段矿业发展与经济建设的需求,治理后的成果总结与综合效益评价研究尤为不足,使得治理工程设计具有一定的盲目性与随意性。在采煤塌陷区治理过程中,往往不同地区、不同现状采取不同的治理模式,而缺乏一个较全面的能较好地反映治理模式综合效益的评价指标体系,从而难以比较不同治理模式的优劣性以便总结研究并推广应用。

(二)发展趋势

1. 加强缓倾深埋煤矿地面塌陷综合预测技术方法和参数研究

根据已有关于巨厚松散层开采沉陷的理论和假说,对解析法预测模型进行修正,并运用数值模拟方法,如 FLAC 3D,对地面移动变形的规律特征和地质采矿因素的影响进行充分研究,以保证预测模型参数的准确性,从而为地面塌陷的治理工作提供依据。

2. 深入开展缓倾深埋煤矿地面塌陷区生态综合治理理论与技术研究

水资源丰富的采煤塌陷区利用湿地进行地质环境问题治理、生态恢复和环境改善,是目前正在塌陷区广泛开展的一项工作,也是采煤塌陷区治理发展的必然趋势。

采煤塌陷治理过程中,在塌陷的预测、预防和治理等方面逐步融合"3S"技术,地质环境监测技术,抗侵蚀、防渗漏等有机复合材料应用及土壤重构、微生物复垦、植被恢复、废弃物资源化与无害化等先进的生物技术,使治理工程向着高技术、高水准方向发展。

采煤塌陷区治理将向生态治理方向发展,更多新技术、新型环保高效材料将应用于采煤塌陷区的工程治理和生态修复,传统的混凝土等硬性材料的使用将逐渐减少。新技术将以利用植被本身的功能为主,新材料的选择将偏向于可降解、可被植物吸收利用的绿色、环保、安全的材料。

进行采煤塌陷区生态系统基础理论研究和采煤塌陷区湿地生态过程的研究,以及研究成果的实际应用将成为今后采煤塌陷区湿地研究的重点。基础理论和生态过程的研究,将为采煤塌陷区的治理提供依据和指导。

3. 重视生态环境重建,加强综合效益研究

将采煤塌陷区当作生态—经济—社会的综合系统,而不是仅以土地因子为主的农业生产系统来研究,正确处理好经济发展与生态环境保护的关系,环境重建以环境治理、生态保育和增加自然资本为前提,修复并再发展失衡的生态系统。充分考虑环境、景观、土地、生物等多因素在重建过程中的作用,既考虑生态上的恢复,又考虑经济上的重建,实现综合效益的最大化。

由于煤矿区地质环境治理起步较晚,目前尚无一套完善有效的理论方法对其治理效果的优劣进行分析判别。立足长远,为更好地规范与指导治理工程的实施,提升治理工程的适宜性与有效性,需基于采煤塌陷区地质环境问题的特殊性与复杂性建立地质环境综合治理效益评价指标体系库、指标权重的取值标准及各方面效益的评价方法等内容,以供不同地区结合各自特色及相对差异在效益评价工作中有针对性地采用。

第二章　黄淮海平原富煤地区地质环境特征

第一节　黄淮海平原地质地理概况

一、自然地理概况

(一)地理位置

黄淮海平原即广义的华北平原,主要由黄河、淮河和海河交互冲积而成,为中国第二大平原,是中国东部大平原的主体部分,自古即是中国政治、经济和文化的核心区域。其范围大致介于北纬 32°—40°30′,东经 113°—112°30′之间,一直延伸到东部海岸线。整个平原北抵燕山南麓,南达大别山北侧,西倚太行山—伏牛山,东临渤海和黄海,跨越京、津、冀、鲁、豫、皖、苏七省市,面积约 $3.5 \times 10^5 km^2$,人口和耕地约占中国的 1/5(图 2-1)。人口密度 520 人/km^2,耕地密度 58hm^2/km^2,均达到了全国平均数的 5 倍。境内交通便利,经济发达,是东部沿海城市的经济腹地,将京津冀经济圈囊括在内,同时是国内石油、化工和钢铁的重要生产基地。

(二)地形地貌

黄淮海平原地势低平,辽阔平展,海拔多在 50m 以下,是典型的冲积平原,自西向东微斜。一般沉积厚度 350～650m 不等,最厚的开封一带达 5 000m,有些地方较薄,在 100m 左右。

黄淮海平原由辽河下游平原、海河平原、黄泛平原、淮河平原 4 个亚区平原组成,黄河下游横贯中部,以郑州为顶点,扇形冲积平原北部与海河、滦河冲积平原交织在一起,在南翼曾多次袭夺淮河左岸的支流,在天津—扬州之间改道 1 500 次之多,大改道 26 次。冲积扇中轴淤积较高,成为"分水脊",将淮河、海河分隔南北。由研究知,黄淮海平原还在不断地向海洋延伸,最迅速的黄河三角洲地区平均每年推进 2～3km。

(三)气象水文

1. 气象

黄淮海平原北部属暖温带半湿润气候,全年四季分明,春季干旱少雨,夏季高温多雨,冬季干燥寒冷;南部逐渐向亚热带过渡。其年平均温度和降水量也由北向南随着纬度降低而逐渐增加。年平均温度京津地区 11～12℃,黄淮地区 10～15℃,南北差异 3～4℃。其中,1 月平均温度京津地区 -5～-4℃,黄淮地区 0℃左右;7 月平均温度全区 26～28℃。年平均降水量,京津地区 500～600mm,北部边缘的太行山南麓和燕山南麓 700～800mm,冀中的束鹿、南宫、献县一带 400～500mm,黄河下游平原 600～700mm,南部淮河流域可达 800～1 000mm。降水多集中在夏季且多暴雨,占全年总降水量的 50%～75%。

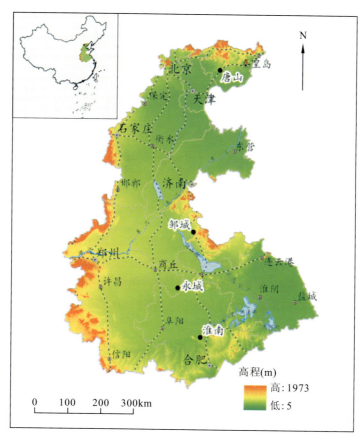

图 2-1 黄淮海平原地形示意图

2. 水文

区内河流众多,其中,黄河、淮河、海河是最主要河流。黄河是区内最大河流,横贯平原中部,河道宽坦,下游淤积严重;淮河中、下游则穿越黄淮海平原南部,其北侧支流长而水流缓,南侧支流短而水势急;海河是黄淮海平原北部最大河流,有北运河、永定河、大清河、子牙河和南运河五大支流水系,于天津汇入渤海。

区内地表水时空分布不均,人均水资源量仅 456m³/a,不足全国平均水平的 1/6,地下水为区内工农业用水的重要支柱。由于多年的地下水超采,辽阔的黄淮海平原已成为世界上最大的地下水降落"漏斗区"。研究表明,黄淮海平原复合地下水漏斗包括浅层漏斗和深层漏斗,总面积达 73 288km²,占平原总面积约 20%。

二、区域地质概况

(一)地质构造运动特征

华北地台是中国最古老的岩石圈断块,断裂带将地台分割成 6 个部分,即胶辽断块、内蒙古断块、鄂尔多斯断块、太行山断块、冀鲁断块和豫淮断块。这些断裂带在中生代燕山运动的影响下,再次导致一些断块隆起和上升,另一些断块逐渐下降。其中,冀鲁断块和豫淮断块就是黄淮海平原的范围。

黄淮海平原周围山地的地质发展历史比较复杂。太古宙、元古宙、古生代、中生代及新生代各个时期的岩石均有出露,并在地质发展过程中经受了地壳运动的剧烈作用。前震旦系岩石广泛分布在太行山及燕山轴部,下部为阜平群或桑干群,由遭受中度至深度区域变质及混合岩化作用的各种变质岩组成。上部的五台群为遭受中等变质作用的各类片岩、变粒岩组成,岩层巨厚,组分复杂,变化较大。

中生代以来,黄淮海平原在新华夏构造系的控制下,形成了一系列呈北北东向展开的多字型构造。它不仅制约了该区的沉积建造、岩浆活动和成矿作用,构成了冀中、黄骅等大型的坳陷区和沧州、埕宁隆起区(图2-2),而且一直左右着该区晚近时期的地势轮廓。

新生代期间,在欧亚、太平洋、印度三大板块的相互作用下,发生了强烈的差异性升降运动,全国出现了大规模的高低分异。华北地台内的差异构造致使华北沉降带不断下降,成为相对沉降区,同时,西、北部山地不断隆起,使太行山和燕山总体上升,成为海拔1 000~2 000m的山地。因基底不断下降,河流把山地侵蚀物质源源不断地向平原输送,原来起伏不平的基岩全部被掩盖,湖海逐渐被填充,最终演变为堆积平原,为之后的大规模沉积过程奠定了基础。新近纪以来,冀鲁断块和豫淮断块不断地震荡式下降成为一个强烈坳陷的构造盆地,使平原内部的差异性运动加剧,沉积物厚度达几千米。

第四纪以来,平原区在地质背景上基本继承了原构造运动以下沉为主的特点,但各地下沉幅度有所差异,且伴随有局部短暂的相对上升。

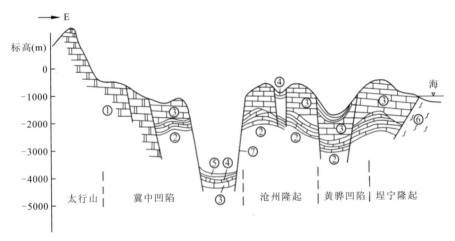

图2-2 黄淮海平原华北中部构造基底形态示意图(据张宗祜,2000)
①震旦系硅质白云岩;②寒武系页岩、灰岩;③奥陶系灰岩;④石炭系—二叠系砂页岩;⑤侏罗系—白垩系砂砾岩;⑥前震旦系变质岩;⑦新华夏系断裂

综上所述,黄淮海平原自中生代以来,以垂直沉降运动为主,大型断裂带不仅控制了本区的基底构造,而且还制约着新生代以来的沉降建造、火山活动以及黄淮海平原形成的地理边界和沉降规模。第四纪以来,具有从早期构造活动强烈到晚期全新世逐渐变弱的趋势。这和中国许多地区第四纪时期的构造运动是一致的。由地质活动所提供的条件,促使黄淮海平原在长期历史进程中完成了它的沉积建造。

(二)第四系松散沉积层特征

黄淮海平原自新生代以来,一直处于长期下沉的状态。沉积物种类多种多样,包括冲积、洪积、湖沼以及海相沉积等各种不同的沉积过程所形成的沉积物,复杂的沉积物类型反映出新生代以来古地理环境的演变过程。

黄淮海平原第四纪地层在空间上的分布规律和沉积特征随着时间的发展而变化。在第四纪的整个过程中,沉积的最大特点就是具有多旋回性。构造运动的上升与下降、气候的冷暖变化、海侵与海退、剥蚀与堆积等各种因素的交替变化,使沉积物颜色、颗粒粗细出现了周期性的循环,但是各自不同的沉积阶段,又具有其特定的景观地球化学特征。

以河北平原为例,其第四系地层自下而上可分为下列4组。

(1)下更新统(Q_1):以棕红色、紫色、绿紫色、黄棕色黏土和砂质黏土和砾石互层为特征,砂砾石层风化严重,一般为两个沉积旋回。地层呈半固结状态,沉积物含钙量低,有铁锰染色现象及铁质锈斑。属河湖相沉积,沉积物厚度在隆起区为80~130m,在凹陷区达180~220m。

(2)中更新统(Q_2):为棕黄色、黄棕色和棕红色,夹有灰绿色,以砂质黏土、黏质砂土及砂层为主,含有铁锰结核、钙质结核,砂层中长石风化较强烈,一般亦有两个沉积旋回。以河湖相沉积为主,沉积物厚度在隆起区为60~70m,凹陷区100~200m。

(3)上更新统(Q_3):以棕黄色、灰黄色的黏质砂土和砂质黏土为主,含有大量钙结核及淀积层,沉积物厚度在90~180m,平原地区以河湖相沉积为主,到东部沿海则出现三角洲相和海相沉积物。

(4)全新统(Q_4):主要为灰黄色和灰色黏质砂土、砂质黏土和砂层,在平原中部和东部低洼地区,沉积物中普遍夹有一层灰黑色的淤泥和泥炭层,主要为湖沼相沉积。平原东部海相和海陆相过渡相沉积分布较广,沉积物厚度为15~30m。

综上所述,进入新生代以来,黄淮海平原的强烈下沉,使之沉积了数千米厚的沉积物,古近系以红色和暗红色深湖相沉积物为主,新近系则以棕黄色、棕红色以及灰绿色的浅湖相沉积占优势。经过古近纪与新进纪的沉积,黄淮海平原的雏形已经形成。在第四纪的各个时期,沉积了一套以河湖相为主的沉积物。第四纪早期,广大平原上广泛分布有淡水湖泊和河流;到中期湖泊逐渐收缩,河流发育;晚期,湖泊逐渐消亡,冲积、湖积相则比较发育,海相沉积物增加,并出现泥炭和沼泽相沉积。

(三)主要含煤地层

黄淮海平原除北部燕山南麓地区以陆相粗碎屑岩地层为主,夹不稳定煤层外,大部分地区以海陆交互相的细碎屑岩为主,灰岩发育,含煤性极好,陆、海生物化石极为丰富。煤层分布广泛,平面连续性较好,主要为晚石炭世—早二叠世含煤层系,到晚二叠世海水逐渐退去,聚煤环境逐渐消失,至石盒子组煤层几乎没有开采价值(表2-1)。

黄淮海平原最主要的含煤地层为本溪组(C_2b)、太原组(C_2-P_1t)和山西组(P_1s)。本溪组下部为铁锅质泥岩,上部为砂岩、泥岩、黏土岩夹煤层、煤线,遍布于华北大部,厚度变化大,东北部和两侧最厚,中部和南部较厚。一般与下伏下、中奥陶统(部分与中寒武统)灰岩不整合(大部分为平行不整合)接触。太原组为奥陶系风化面以上一套海陆交互相的含煤地层,整体趋势东厚西薄。东部厚达190~250m,西部一般在20m以下。山西组以灰黑色砂、泥岩为主,为平原内厚度最大的含煤层,同时其地层厚度变化幅度较大,整体趋势北厚南薄、东厚西薄(表2-2)。

三、煤炭资源形成及其开发利用现状

黄淮海平原古大陆于中石炭世海水开始入侵,沉积了大量海陆交替相的碎屑岩。晚石炭世—早二叠世海水进退不定，陆地范围扩大，气候温和湿润，植物茂盛，提供了成煤的良好条件。二叠纪晚期海水退出，接受陆源碎屑沉积，气候转为干燥炎热，沉积了巨厚的红层。可知，中国华北赋煤区主聚煤期主要分布于晚石炭世—早二叠世，局部有晚侏罗世—早白垩世及小规模的新生代第三纪（古近纪＋新近纪）煤层分布。

表 2-1 黄淮海平原含煤地层划分表

北部边缘区				中部主体区	南部豫皖区
阴山地区	燕山北部	燕山南部	辽西地区		
石千峰组		洼里组	后潘庄组	石千峰组	石千峰组
脑包沟组		古冶组	蛤蟆山组	上石盒子组	大风口组
石叶湾组	茂山组	唐家庄组	苇子沟组	下石盒子组	下石盒子组
杂怀沟组	荒山神组	大苗庄组	三家子组	山西组	山西组
拴马庄组	张家庄组	赵各庄组	南票组	太原组	太原组
		开平组			
		马圈子组	唐山组	石场子组	本溪组	本溪组

表 2-2 黄淮海平原主要含煤地层分布情况表

时代	煤层	分布范围	分布规律	含煤地层特征
P_2—P_3	5	豫皖地区	在分布区内，东南部煤层厚度大，层数多，可采程度高	黑色、黄绿色、紫红色碎屑岩组成的含煤地层，厚 500~600m，含煤系数 1%~3%，含煤 15~25 层，可采煤层分布范围小
P_1	4	全华北	全区发育，厚度大，稳定可采	为碳酸盐岩和碎屑岩交互的含煤地层，厚 80~150m，含煤性好，含煤系数 5%~15%，含煤 5~12 层，分布范围广
P_1	3	全华北	基本以北纬 38°线为界，北部厚度大，普遍可采，向南变薄、尖灭	
C_2	2	华北中、南部发育较好	北中部厚，南部薄，西部厚，东部薄，普遍可采	
C_2	1	全华北	煤层薄，稳定性差，局部可采	

从图 2-3 中可以看出，黄淮海平原主赋煤区位于渤海湾盆地与南华北盆地，含煤层系以晚石炭世—早二叠世为主。渤海湾盆地呈北东—南西向展布，煤炭主要分布于冀东、鲁西南、冀南等地；南华北盆地近东西向展布，煤系地层主要分布于鲁南、苏北、安徽省两淮地区及河南省的周口—平顶山一带。区内包含鲁西南、两淮、河南、冀中四大煤炭基地。

黄淮海平原产煤以中变质程度的气煤、肥煤、焦煤和瘦煤为主，品质较好。以 2009 年统计数据为例，当时中国煤炭保有总资源量为 $1.946×10^{12}$ t，黄淮海平原占 8.2%，相对丰富。但其 1 000m 以浅的预测资源量却较少，绝大部分潜在资源量集中在 1 000~2 000m 的深度段，开采条件相对较差,浅部煤炭资源量已基本开发殆尽。

中国地下井工煤炭开采多采用长臂式开采工作面,采空区顶板管理根据煤层与附着地物的不同选用矸石局部充填、局部冒落或全部垮落等对应方式,应用中多见全部垮落法。长臂式开采的优点是资源回收率高,开掘巷道数量较少,对各种煤层赋存条件适应性较广,通风和安全生产条件较好;其缺点主要表现在对地面的破坏程度上,与房柱式、条带式等其他开采方法相比,其顶板垮落后造成较严重的地面塌陷,一般占煤矿区地面塌陷对土地影响破坏面积的80%以上。

图2-3 华北赋煤区主要含煤盆地分布图(包括黄淮海平原、河套地区和山西断陷盆地等)(据宋洪柱,2013)

黄淮海平原是中国煤炭主要生产和消费区,产能不仅满足自身需求,还担负向京津冀、中南、华东经济发达地区煤炭供应的重要任务,是中国"西煤东运"的主要目的地与中转地。

第二节 黄淮海平原巨厚松散层的基本特征

一、巨厚松散层的定义及分布

松散层是指第三纪、第四纪以来尚未固结硬化成岩的疏散物沉积层,如洪积层、冲积层、残积层等(何国清等,1991)。一般认为,厚度超过50m可以称为厚松散层,厚度超过100m可称为巨厚松散层(马伟民等,1989)。

巨厚松散层在中国华中、华东、华北、东北和西北地区均有分布,范围十分广泛。华中地区的平顶山、焦作和永夏等矿区都覆盖着不同厚度的松散层。平顶山矿区的松散层厚度自西向东为30~350m;焦作矿区松散层厚度自西北到东南为10~400m;永夏矿区的松散层厚度为100~380m(孟凡迪,2012;神克强,2009)。

华北地区开滦煤田的松散层厚度为20～545m,自东北向西南逐渐变深。邢台煤田的松散层厚度为80～290m,自西南向东北方向逐渐变厚,其特点与开滦煤田相似,且黏土所占的比例较高。

华东地区的淮南、淮北、徐州、大屯、兖州等矿区也均覆盖着巨厚松散层,山东巨野矿区的松散层厚度达700余米。兖州矿区覆盖着150～190m的松散层,主要由砂、砂质土、黏土及砾石组成(孟凡迪,2012)。

东北地区的苏家屯、鹤岗、沈北、双鸭山等煤田都覆盖着厚度从几米到200m不等的松散层。

西北地区的巨厚松散层多是比较稳定并且含有不饱和水的黄土层。

二、巨厚松散层的成分与力学性质

(一)松散层的成分

巨厚松散层的主要物质来源是岩石的风化产物,其主要成分是原生矿物。原生矿物风化后形成的次生矿物(李德海,2006),又分为可溶、不可溶两类。可溶矿物进一步可分为易溶性、中溶性和难溶性三大类。不可溶性次生矿物多是由原生矿物经过溶滤后生成的次生变质物,颗粒较小,主要用来构成黏土颗粒,亦称"黏土矿物"。

松散层含有大量孔隙,是高度分散的三相体系。松散沉积物间的连接强度较弱,固体颗粒之间是点接触方式,颗粒间的孔隙多充满着空气和水。塑性黏土颗粒是水化膜接触方式,颗粒间非直接接触,砂土是水胶连接方式。巨厚松散层的主要成分包括砾石类、砂土类、黏土类、黄土类、淤泥类和膨胀土等。在此主要从含量较高的前四类物质对巨厚松散层的成分和力学性质进行分析。

(1)砾石类。一般情况下,颗粒间孔隙较大、透水性较强、压缩性低、抗剪强度大,因流水沉积形成的砾石便具有此特点;而残-坡积物碎石的分选性则较差,孔隙中充填大量的砂粒、粉粒等细小颗粒物,透水性相对较弱,压缩性较大,抗剪强度较低。

(2)砂土类。具有单颗粒构造和伪层状构造,透水性较强,压缩性较低,内摩擦角较大,抗剪强度较高。随着砂粒粒径增大,上述特征会更加明显。

(3)黏土类。含有较多的黏粒和亲水性强的黏土矿物,具有水胶连接和团聚结构,孔隙较多且小,压缩性大但压缩速度小。黏土的力学性质主要取决于其黏粒含量、稠度和孔隙比,黏粒含量不同,则其压缩性、胀缩性、塑性、透水性和抗剪强度会有较大变化。

(4)黄土类。以粉粒为主,孔隙大且垂直节理发育,湿陷性比较明显,塑性较弱,崩解性较强,基本没有膨胀性。抗剪强度有显著变化,干燥状态下,抗剪强度较高,湿度显著增高时,抗剪强度明显降低。

综上可知,巨厚松散层具有以下明显的特性:砂层具有高孔隙度、松散性、半流动性;黏土易产生裂隙和节理,会因含水-失水而产生塑性变形;黄土层具有垂直节理及湿陷性。成分和力学上的特点是决定岩土体移动及地面变形规律的内在原因。

(二)松散层土体结构特征

松散层土体结构的特征是指工程地质层组在土层柱状(剖面)和平面上的组合特征。由于每一工程地质层组的性质受其起主导作用的工程地质类型的性质决定,因此,常主要根据松散层物质成分将起主导作用的工程地质类型分为两大类,即以黏性土为主的层组和以粗粒土(砂土、砾砂、砂砾等)为主的层组。

前者一般构成相对隔水层,后者一般构成含水层或透水层,当然还要考虑具体粒度组成和水源情况。垂向上单一结构的土体一般只见于表土层薄的情况,厚松散层地区一般都是以黏性土为主的层组和粗粒土为主的层组的交互沉积的多层复合结构,从水文地质角度即为含水层、隔水层交互沉积的多层复合结构(朱志强,2008)。

(三)松散层的力学性质

根据实验室测试数据,岩块、混凝土等坚硬材料,其受荷载后的应力-应变关系如图2-4(a)所示,初始阶段材料处于弹性变形状态,应力-应变关系为直线,当应力达到某一临界值时,应力-应变关系变为曲线,材料同时存在弹性和塑性两种变形特征。松散土体的变形与之有一定的差异,图2-4(b)是土的三轴试验中轴向应力和轴向应变之间的关系曲线,初始阶段的直线很短,对于砂土和一般固结的黏土,几乎不存在直线阶段,起始阶段的应变就呈现出非线性特征。

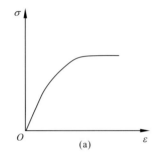 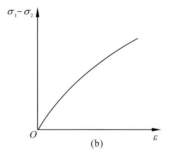

图2-4 材料应力-应变关系

松散土体非线性应变的原因为颗粒受力后位置的调整在荷载卸除后不能恢复,形成了塑性变形。通过对比岩体和土体受力后的应力-应变关系可以得知,非线性和非弹性是土体变形的突出特点。

土体受各向相等的压力F,卸除压力后土体的体积应变ε_V和F之间的关系曲线如图2-5所示,土体存在不可恢复的塑性体积应变。受力前,颗粒之间存在较大的孔隙;受力后,部分颗粒被挤入孔隙中,相对位置变化,颗粒之间发生剪切位移;压力卸除后,孔隙不能恢复,形成较大的塑性体积变形。

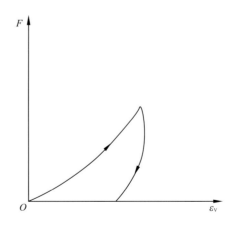

图2-5 土体体积应力-应变曲线

剪切引起的体积收缩,叫剪缩,松散砂土常表现为剪缩;剪切引起的体积膨胀,称作剪胀,超固结黏土、紧密砂土常表现为剪胀。剪缩性和剪胀性是土体变形的重要特征。

三、黄淮海平原巨厚松散层的特征

黄淮海平原晚石炭世—早二叠世含煤地层分布广泛，平面连续性较好，煤炭顶板基岩较薄，矿区多上覆厚、巨厚松散层。如兖州矿区松散层厚度最大为230m，淮北矿区为270m，淮南矿区为460m，开滦矿区为300m。成煤后，区内未发生大规模的造山运动，煤层多呈倾角小于25°的近水平或缓倾斜状（由《采矿工程设计手册》知，倾角小于8°为近水平煤层，介于8°～25°之间为缓倾斜煤层）。当前，黄淮海平原浅部的煤炭资源已基本枯竭而转向深部开采，部分开采深度已突破1 000m。

研究发现，从煤层采空区上方的深基点观测，变形破裂导致的"三带"基本是沿煤层法线方向向上发展。煤炭开采引起的顶板应力重分布呈不对称的"拱形"。"拱形"的规模和形状很大程度上取决于煤层倾角，煤层倾角小于35°时，破裂带的高度随倾角的减小而减小，主应力向采空区逐渐偏转，直到倾角为0°时"拱形"对称。同时，松散层具有高孔隙度、松散性、半流动性、易产生节理和裂隙等不同于基岩的独特力学性质。基于上述特性，缓倾角、厚松散覆盖层煤矿地下采空引起的覆岩变形穿透薄层基岩顶板延及地面时，表现出有别于一般条件（薄松散层、无松散层或急倾角）下采煤引起的地面移动规律：地面塌陷连续且具有较完整的规律性；下沉曲线关于采空区中央对称，走向和倾向均呈双向对称性；下沉系数偏大、地面移动盆地范围延展远，存在长距离的缓慢下沉带；采空区上方地面下沉集中，易接近或达到充分采动状态，建筑物损坏严重等。

黄淮海平原是中国第二大平原，河网水系纵横交错，地下水埋深深浅，土地耕植程度高，是重要的农业生产区与经济建设区。煤炭采出后，顶板基岩垮落充填采空区，上覆松散层随之下沉并发生附加沉降（土体固结压缩和水位下降引起的沉降），形成大面积圆形、椭圆形塌陷坑；停止疏排地下水后水位上升，重度塌陷区可形成大面积常年积水区，淹没道路、农田、房屋等，严重损毁土地资源及其他固定资产。中国重点建设的14个大型煤炭基地，有冀中、鲁西、两淮、河南4个位于黄淮海平原。其中，冀中的唐山、鲁西的邹城、两淮的淮南、河南的永城在地理上较为均匀纵向展布，采煤历史悠久，近年均着手开展采煤塌陷区地质环境治理工作，治理成效较为显著，形成了各具特色的治理模式，具有典型代表性。

第三节　黄淮海平原典型采煤塌陷区地质环境概况

一、河北唐山古冶采煤塌陷区

（一）自然地理与煤田地质条件

唐山地处渤海湾中心地带，河北省东部，东经117°31′—119°19′，北纬38°55′—40°28′，西邻天津，南临渤海，地理位置重要，是中国近代工业的摇篮。唐山属暖温带半湿润季风气候，年均气温12.5℃，常年降水500～700mm，降霜日数年均10d左右。市境位居燕山南麓，地势北高南低，自西、西北向东及东南趋向平缓，直至沿海。

唐山煤田地质构造复杂，具有褶皱多、断层多的特点。煤田富水性很强，冲积层为砂层、黏土层和砾石层等松散性多层结构，下部有一层厚10～50m的砾石层，含水极为丰富。煤系地层的基底为厚约600m的奥陶纪石灰岩，岩溶比较发育。此外，煤矿的煤质为肥煤、气煤、肥气煤、气肥煤等,煤层较易自燃。

（二）采煤塌陷状况

唐山大规模采煤历史已有100多年,煤炭保有量6.25×10^9t,是中国焦煤重要产区。因煤炭开采,现已形成塌陷区约5 400hm^2,大规模塌陷坑53个(图2-6)。

唐山市南部煤矿绝大部分位于平原地区,地面多为耕地和城镇建筑。据统计,煤炭开发共形成塌陷面积超过1 000hm^2,其中积水区80hm^2;大小煤矸石山16座,最高的达到40m,规模约4×10^6m^3;粉煤灰800×10^4m^3,在城市周边堆积如山。

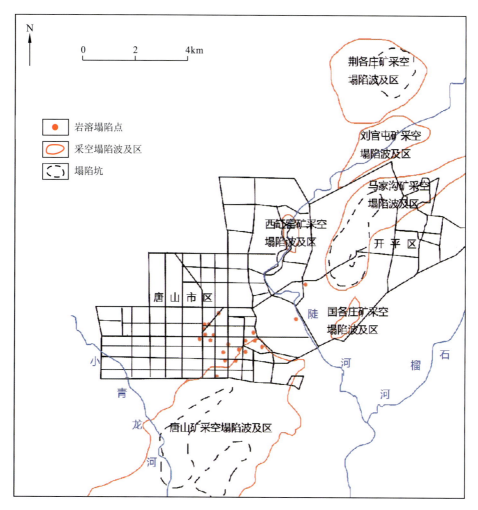

图2-6 唐山市区采煤塌陷分布图(据徐志平,2009)

二、山东邹城太平采煤塌陷区

（一）自然地理与煤田地质条件

邹城市位于山东省西南部,东经116°44′30″—117°28′54″,北纬35°9′12″—35°32′54″,全市总面积1 616km^2,辖16个镇(街),是国家级历史文化名城,新兴能源工业基地。

地貌类型以低山丘陵和山前倾斜平原为主,地势较为平坦,整体上东北高,西南低。邹城属暖温带大陆性季风气候,四季分明,降水集中,雨热同步。区域内水系属淮河流域,河流主要有泗河、白马河及其支流,绝大部分属季节性河流,汛期有水,冬季干涸,源短流急,含沙量大。煤层上覆冲积层由中砂、细砂、砂质黏土及黏土组成,厚200~300m。区内煤层赋存于石炭系本溪组、太原组及二叠系山西组。山西组为本井田主要含煤地层,平均厚度8.8m(图2-7)。

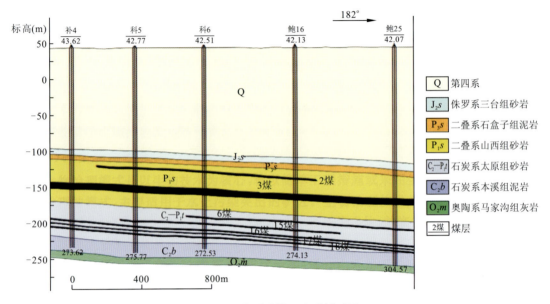

图2-7 太平采煤区地质剖面图

(二)采煤塌陷状况

邹城太平采煤区属兖州煤田范围,境内煤炭资源多年大面积、高强度的开采,致使大片土地塌陷并积水。截至2008年底,塌陷面积已达5 653hm^2,导致3 000hm^{2}农田绝产。目前,塌陷区仍以每年166.7~200hm^{2}的速度剧增。

太平采煤区内的煤矿大多于1970年左右筹备建井,1980年左右正式投产,现已全面闭坑停产。因开采过程中环保意识薄弱且治理不及时,地质环境持续恶化,导致土地、村庄、基础设施的破坏非常严重。调查可知,区内共有7个规模较大塌陷坑,总塌陷面积为2.74km^2,其中常年积水区面积为1.20km^2,地裂缝遍布塌陷区周边,规模较大的统计有0.03km^2,煤矸石或其他形式占压、损毁土地11.06km^2,构(建)筑物及基础设施破坏3.87km^2。

三、安徽淮南大通采煤塌陷区

(一)自然地理与煤田地质条件

淮南市1950年依矿建市,介于东经116°21′21″—117°11′59″,北纬32°32′45″—33°0′24″之间,是全国重要的产煤基地,煤炭储量占华东地区的50%,安徽省的74%。气候上属暖温带和亚热带的过渡带,年平均气温16.6℃,年降水量893.4mm。径流水系属于淮河流域,淮河是区内最大地表水流。

淮南赋煤矿区集中,东西长约270km,南北长20km,含煤面积约3 200km^2。煤矿区由淮河北岸的潘谢新区和南岸的老区组成,老区断裂构造较多,开采条件相对较差,采煤塌陷深度大,但影响范围相对较小,开采万吨煤炭塌陷土地面积约0.11km²,潘谢新区煤层倾角平缓(一般小于15°),构造较简单,开采条件较好,采煤塌陷深度小、影响范围大,开采万吨煤塌陷土地面积约为0.27km²。

淮南地区含煤地层为石炭系—二叠系,包括石炭系太原组,二叠系山西组、下石盒子组和上石盒子组,总厚在800m左右。上石炭统太原组总厚115～125m,平均120m,含煤7～10层,合计厚度4.73m,含煤系数为3.98%,煤层薄而极不稳定,可采程度较低。二叠系的山西组、下石盒子组和上石盒子组为主要含煤地层,含煤40～56层,总煤厚30～40m,其中可采11～19层,可采厚度23～36m,含煤系数为6.35%。根据含煤岩系沉积旋回结构特征自下而上划分为3个含煤组(7个含煤段)(表2-3),主采煤层在区域上的可对比性强。

表2-3 淮南煤田含煤地层(据敖卫华,2013)

统	组	含煤段	含煤段厚度(m)	含煤层数/煤层厚度	含煤厚度(m)
上二叠统	上石盒子组	七	151.0	$\frac{5}{26\sim22}$	3.36
		六	89.5	$\frac{4}{21\sim18}$	3.15
		五	89.0	$\frac{4}{17\sim16}$	3.37
		四	82.66	$\frac{4}{15\sim12}$	7.35
下二叠统	下石盒子组	三	91.11	$\frac{4}{11a\sim10}$	5.87
		二	101.85	$\frac{10}{9b\sim4a}$	15.19
	山西组	一	69.02	$\frac{3}{3\sim1}$	4.49
	合计		682.14	$\frac{34}{26\sim1}$	42.78

(二)采煤塌陷状况

淮南市作为资源型工业城市,煤炭资源分布广、范围大,作为全国重要的能源基地,煤炭的开采是必然的趋势。但矿产资源的开发与简单的粗放式开采导致大量山体采空、大面积森林植被毁坏,形成大片采煤塌陷区,塌陷面积逐年增加。截至2010年,淮南市累计采煤塌陷面积已达173.73km²,占淮南市总面积的6.7%。其中积水面积约为104km²,一般水深为3～10m,部分老矿区甚至可达20m。据预测,地面塌陷仍会以每年12～16.67km²的速度增加。

大通区是淮南6个产煤区之一,于1911年开始开采,1980年闭坑。经过几十年的开采,大通地区煤炭资源已开采完,形成了废弃的矸石山和大片的塌陷区域。现塌陷区已稳沉,形成库东水塘和林场水塘两个相对封闭孤立的水体。其中,库东形成的采煤塌陷水域面积为3.5hm²,最大水深达10m;林场附近的塌陷水域面积为2.4hm²,最大水深为8m。

四、河南永城陈四楼采煤塌陷区

(一)自然地理与煤田地质条件

永城位于河南省最东部,豫、皖、苏、鲁四省结合部,东经115°58′—116°39′,北纬33°42′—34°18′,京九铁路、陇海铁路、欧亚大陆桥高速公路在此交会。永城是一座新兴的煤炭、电力工业城市,是全国六大无烟煤基地之一、小麦育种繁育和优质棉花生产基地及河南省最大的煤化工基地。永城地势由西北向东南微倾,平均海拔31.9m,除东北部有方圆16km²的芒砀山群外,大部分为平原。浍河、包河、沱河、王引河等季节性河流从西北向东南贯穿全境至安徽汇入淮河,均属淮河水系。地形相对高差不大,潜水埋藏较浅,地表径流条件不良,暴雨季节常有内涝发生。

永城煤矿区位于永城背斜西翼北部,矿区井田内全部被新生界厚冲积层覆盖,其中陈四楼煤田冲积层由黏土、亚黏土、亚砂土及中细粉砂交互成层,厚300~400m,地面标高34~35m,潜水埋深1.5~4m。开采深度320~420m,开采方法为走向长壁或倾斜长壁综合及炮采,可采或局部可采煤层共4层,总厚8.4m,顶板管理采用全部垮落法。

(二)采煤塌陷状况

永城矿区南北走向长55km,东西宽25km,其中含煤面积71 600hm²,原煤储量3.16×10^9t,以低变质、低硫、低磷、低灰分的无烟煤为主,煤质优良。陈四楼煤矿于1997年正式投产,采区塌陷土地(指下沉值大于100mm的区域)共计554hm²,其中一半以上形成积水区,下沉值大于0.3m的有363hm²。

目前,陈四楼采煤塌陷共影响到陈集镇6个自然村,城厢乡18个自然村,居民2 300余户6 600多人。受损建筑面积约214 440m²、道路10km、桥涵18座、供电线路11 800m、通讯线路4 600m、农田250hm²、机井43眼(图2-8)。

图2-8 2013年永城陈四楼采煤塌陷区遥感影像图(据豆飞飞,2013)

第三章 缓倾深埋煤层采空塌陷的地质环境效应及塌陷预测

第一节 采煤塌陷变形特征与影响因素

一、采煤塌陷变形特征

(一)典型煤田的地面变形特点

1. 河北唐山采煤塌陷区

唐山市采煤塌陷区内的地面变形主要表现出良好的层次性。区域内发育最广的是地面沉降,主要表现出局部的挤压、凸起扭裂等,若上部有建筑物则表现出建筑物倾斜、开裂甚至垮塌等特征(图3-1)。

图3-1 河北唐山采煤区地面塌陷

塌陷坑(图3-2)是地面沉降的深层次发展,其形态不一,主要表现为:狭长条带状、不规则圆状、椭圆状、漏斗状等,一般直径3~30m不等,深度2~3m不等,最初坑壁陡直,随时间推移,坑壁慢慢坍塌变缓;地面塌陷的深度与塌陷附近的地形有关,地形切割较深,侵蚀基准面以上相对高差较大时,地面塌陷得较深,反之则相对较浅(肖美英,2007)。地裂缝发育(图3-3),区内地裂缝一般与地面塌陷伴生,多呈不规则的线型,规模较小。

2. 山东邹城太平采煤塌陷区

山东省邹城市境内由于自20世纪70年代初至90年代末煤炭资源的无序、大面积、高强度的开采,形成了许多采煤塌陷区(图3-4),塌陷区内积水形成塌陷湿地。截至2008年底,塌陷地面积已达5 653hm²(孙海运,2010)。塌陷区内地裂缝纵横遍布,房屋拉裂非常严重,无

图3-2 河北唐山采煤区塌陷坑现状

图3-3 河北唐山采煤区地裂缝

图3-4 山东邹城采煤区农田塌陷现状

图3-5 山东邹城采煤区房屋拉裂破坏

法居住(图3-5),输电设备、公路、铁路与河堤也受到不同程度的影响。

3. 安徽淮南大通采煤塌陷区

大通采煤塌陷区的塌陷主要分为岩溶塌陷和采空塌陷两大类。矿区内岩溶塌陷主要分布在淮南市水泥厂以东,大通机厂宿舍区—梨园一线以南的山前平原地带(图3-6)。塌陷坑一般直径小,分布密集。采空塌陷是最主要的塌陷区,它与相邻的淮南九龙岗矿采空塌陷区合称为九大沉陷区。整个塌陷区平面呈东西长条形,主要由5个塌陷区组成,塌陷坑、洼地清晰可见,坑底普遍大面积积水。塌陷区总面积达 $0.457km^2$,塌陷区内最大下沉值大于15m,最大水平移动值为 3 640mm;垂直水平移动均较大,相对以下沉为主。区内缓倾斜煤层开采后形成的地表塌陷多为椭圆形,大倾角煤层开采后则多为条带状。当地表下沉到潜水位以下时,其塌陷区常年积水,有的则形成季节性的集水塌陷区(林宾等,2012)。

4. 河南永城陈四楼采煤塌陷区

永城煤矿沉陷区沉降厚度一般为200~500m,塌陷区面积为 $46.8km^2$,分布在永城市煤田正在开采的5个井田。调查中发现200条微型地裂缝,受沉陷危害影响,沉陷区均有继续沉陷的趋势(图3-7)。

陈四楼井田南北长,东西窄,长12km,宽6km,面积约 $73km^2$,采用立井开拓方式,中央并

图 3-6　安徽淮南大通采煤塌陷区现状(据孙娇娇,2012)

列式通风,南北翼布置采区,沿大巷布置倾斜长壁工作面,采煤设计采用"上行"开采顺序,即先采 2 煤组,后采 3 煤组,顶板管理采用全部垮落法。陈四楼塌陷区位于一、四、七采区上部,一采区煤层已回采完毕,塌陷土地 197hm²(下沉值大于 100mm),其中 145hm² 下沉值大于 0.3m。四采区采用跳采方式,目前尚不稳沉,属于动态沉陷区,现塌陷土地 117hm²(下沉值大于 100mm),其中 91hm² 下沉值大于 0.3m。七采区采用跳采方式,目前尚不稳沉,属于动态沉陷区,塌陷土地 173.3hm²(下沉值大于 100mm),其中 127.1hm² 下沉值大于 0.3m,3 个采区共计塌陷土地 487.3hm²,其中 363.1hm² 下沉值大于 0.3m。全区内最大塌陷深度 3.6m,平均塌陷 3.0m,原地面平均标高 34.6～34.9m,塌陷后地面标高 31.0～34.6m。塌陷盆地中央形成常年积水区,积水面积 28.7hm²,最大积水深度 2.0m,平均深度 1.2m,积水量 $4.16 \times 10^3 m^3$(苏凯峰,2014)。

图 3-7　河南永城采煤塌陷区现状

(二)采煤塌陷变形特征

根据上述典型煤田的地面变形特征的对比,可以将黄淮海平原的煤田采煤塌陷的变形特征归纳如下。

1. 塌陷影响范围广,类型多

黄淮海平原煤炭资源分布相对集中,且连续性好,便于大范围布置采煤工作面,导致采空区集中连片且单个塌陷坑规模较大。采空区影响面积,也就是塌陷区面积一般相对采空区面积要大,因采空区顶板基岩与周边厚松散层可在双向拉应力作用下发生倾向塌陷坑的拉裂、垮落。如山东邹城太平采煤区附近的泗河,因附近的采煤活动引发河岸下沉,导致河床拓宽3倍多。此外,由于覆盖松散土层的压缩排水,在部分地区还可造成塌陷深度大于煤层开采厚度的情况。

2. 下沉速度快,活跃期长

采空区放顶后,顶板受力平衡破坏产生裂隙,变形带逐渐垮塌并向上发展。黄淮海平原煤矿区普遍存在的半固结、未固结厚沉积层,属较坚硬—较软的块状和层状无坚硬整体结构型的岩土层,抗压强度33.97~51.90MPa,甚至更小。这样的岩土体结构,加之煤层的缓倾角,若下覆基岩顶板相对薄弱,则不易形成悬顶,非常容易塌陷,甚至随开随塌。另外,因黄淮海平原煤炭埋藏深度大,变形扩展到地表时间相对较长,而塌陷后沉积层成为碎胀效果明显、抗压强度更差的无结构破碎砂土体,此后会因采空区漏水、人工排水等失水压缩及重力荷载等因素缓慢沉陷,区域稳沉时间较长。

3. 易积水,塌陷区形成湿地

黄淮海平原缓倾深埋煤层开采区的大部分地区为第三系、第四系松散未固结厚沉积层,富含直接接受大气降水补给的孔隙水,潜水埋深一般较浅。地面塌陷破坏了含水层结构及地表原有的沟渠排水系统,潜水位相对上升,导致地下水出露汇聚于塌陷盆地,使塌陷形成季节性积水区或常年积水的湖泊、湿地。此特性普遍见于黄淮海平原的四大煤炭基地,大量常年或季节性积水盆地遍布在采煤塌陷区,改变、破坏了区域原生农耕种植环境。一般积水深2~3m,部分老矿区甚至存在深达20m的积水区。

4. 地裂缝广布,对地面影响大

中国大中煤矿一般采用长臂式开采法及全部垮落顶板管理方式,造成大规模地面塌陷及地裂缝。因煤层的厚覆盖层结构疏松,在变形应力作用下围绕塌陷盆地的地裂缝非常发育,宽度由几毫米至几百毫米不等,波及范围较广。

裂缝能严重破坏房屋、线路工程结构,并破坏土壤结构,影响土壤含蓄水分。大尺度裂缝连通性较强,可提高持水体积和入渗强度,阻止地表径流的产生,还可使第四系与下伏含水层直接联系,能够快速将上层土壤水分和溶质越过不饱和区导入到地下水,造成地下水水质恶化。此外,地裂缝还可引起土地的细沟侵蚀、沟蚀及重力侵蚀等,小则加重水土流失,大则造成完整土地破碎,甚至引起表土移动形式的滑坡。

二、采煤塌陷影响因素

(一)煤层赋存条件

煤层的赋存条件包含煤层倾角、采煤深度、厚度以及煤层深厚比等条件。

首先,煤层倾角对塌陷坑的地表形态特征有较大影响(图3-8)。缓倾煤层的冒落裂隙带呈马鞍形,塌陷坑表现为四周基本对称的椭圆形下沉盆地,黄淮海平原缓倾深埋煤矿塌陷坑一

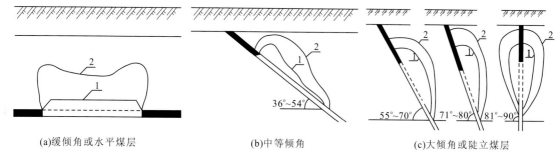

图 3-8　覆岩破坏范围分布形态与煤层倾角的关系(据周群,2005)
1.冒落带;2.裂隙带

般均呈此种形态。当岩层倾角较大时,垮落到底板的岩石会在重力作用下顺倾斜方向滑动,地表移动盆地向采空区下山方向一侧偏移。岩层倾角继续增大而变得陡立时,塌陷盆地呈兜形或瓢形。

其他条件相同时,地表最大下沉值也取决于煤层倾角(表 3-1)。

表 3-1　煤层倾角与地面下沉值之间的关系(据周群,2005)

煤层倾角(°)	0	10	20	30	40	58	60
下沉值与采空区高度比	0.40	0.39	0.28	0.26	0.19	0.16	0.12

其次,开采深度影响地表移动破坏。一般情况下,开采深度与地表移动破坏范围成正相关而与地表移动破坏程度呈负相关关系,即采深越大则移动范围越大而破坏程度越小。反之则移动范围越小而破坏程度越大(张银州等,2011)。

再次,煤层的开采厚度决定了上部冒落带的高度。煤层厚度越大,采空区的高度越大,则对上覆岩层的影响越大,导致冒落带高度也越大,最终决定了地面塌陷的深度越大。一般情况下,冒落带高度与煤层的开采厚度呈正比关系(来平义,2009)。

最后,开采煤层的深厚比与采空区的地面变形关系密切。一般情况下,深厚比越小,地面变形越强烈,变形程度越大。多数经验表明,当开采煤层的深厚比小于30时,地表会表现出剧烈变形,呈台阶状下沉且会有较大地裂缝等非连续变形现象。随着深厚比的增大,采空区的地面变形程度也会逐渐减弱,当深厚比达到一定值时,采空区地表则表现出舒缓变形。

(二)顶板岩层特征

采空区顶板岩层特征包括其力学特征和岩性组合形式。二者对塌陷状况也有较大影响。

1. 岩层的力学特征

岩层的力学特征对缓倾煤层开采引起的地面塌陷影响较大,主要表现在 4 个方面。
1)影响塌陷下沉曲线的形状

岩层力学特征对塌陷下沉曲线形状的影响主要通过影响下沉曲线的拐点位置来实现。一般情况下顶板岩层越硬,悬顶距越大,拐点越偏向采空区一侧。

2)影响地面塌陷的下沉值

顶板岩层的坚硬程度一般与地表的下沉值呈反相关的关系。若顶板岩层呈厚层状且极坚硬,则下沉值一般会非常小;而若顶板岩层为厚度很大的第四系松散土层时,地表下沉系数可以在初采时接近甚至大于1。

3)影响地裂缝的特征

由于地面塌陷的外围边缘形成了拉伸变形区,当拉应力超过岩土体的抗拉强度时,则会形成张裂缝。顶板岩层的性质对地裂缝(张裂缝)的特征有重大影响,例如黏性土的拉伸变形允许值一般在6~10mm/m的范围内;粉质黏土等的拉伸变形允许值在2~3mm/m的范围内;岩石的拉伸变形允许值在3~7mm/m的范围内;裂缝在岩石中的延展深度一般大于在土体中的延展深度。

4)影响冒落带及导水裂隙带

岩层的力学特征决定了顶板岩层的冒落高度及破裂程度。顶板岩性坚硬时,其稳定性良好,开采时冒落充分,导水裂隙带也发育良好,高度大,一般可达到采厚的18~28倍;顶板岩性软弱时,其稳定性差,开采时冒落不充分,导水裂隙带发育高度小,一般为采厚的9~12倍。

2. 岩性组合形式

顶板岩层的组合形式也会对地面塌陷有较大影响。若顶板岩层较坚硬且均一,则其大面积被采空暴露后地表可能会表现出突然的非连续的塌陷,而开采面积较小时,则地面塌陷会较不明显;若顶板岩层为软弱或松散岩层时,即便是小面积的采空区也会引起明显的地面塌陷;而若顶板岩层出现软弱互层时,地面塌陷的程度则会介于二者之间。若将顶板岩层分为坚硬、中硬、软弱3类,则岩层的各种组合特征对地面塌陷的影响如图3-9所示。

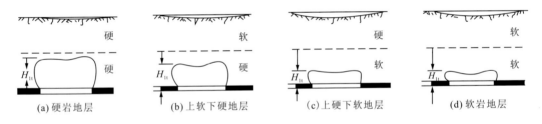

图3-9 不同上覆岩层组合形式对地表变形的影响(据陈云鹏,2012)

H_{1t}.开采厚度

3. 水文地质条件

区域的水文地质一般通过两方面来影响地面塌陷的形成。一方面煤层的采空可能导致上覆的含水层疏干,疏干导致岩土体被压缩或者含水砂层形成流砂而增大地表下沉值,扩大下沉范围;另一方面顶板岩层吸水后强度降低,采空区周围的岩层向采空区移动变形来达到新的力学平衡,从而导致采空塌陷区大于实际采空区。

(三)开采活动因素

1. 开采方式

开采方式对地面塌陷形态的影响较大,对上覆岩土体的破坏主要体现在开采空间的大小和顶板冒落的不同运动形式,最终体现在地表下沉值上。有关研究表明,条带法开采的下沉系数q一般在0.03~0.15范围内,长壁顶板自由垮落法开采的q在0.60~0.80范围内,可见常用的长壁顶板自由垮落法对地表沉陷变形的影响较大。而当进行水砂充填后,长壁顶板自由垮落法 q 可降到 0.06~0.20 范围内,可见在经济技术条件可行时,采用破坏力较小的开采方式或实施边采边填技术,能有效减轻地面塌陷发生的规模与强度。

2. 采空区的尺寸、规模

采空区的尺寸、规模决定了煤层采动是否充分。一般情况下,当采空区的长度和宽度均达到或超过 1.2~1.4 倍的采深时,地表下沉达到该区域地质采矿条件下应有的最大值,此时煤层开采达到充分采动。煤层开采的充分与否也会影响地面塌陷的下沉程度。充分采动是超充分采动和非充分采动的分解情况。

在非充分采动的情况下,地表任意一点的下沉值均未达到最大值。随着开采工作面的扩大,地表的影响范围相应增大,地表下沉值也相应增大(图3-10)。

在超充分采动的情况下,当继续扩大开采工作面时,地表的影响范围会相应扩大,但是地表最大下沉值不会再增大(图3-11)。

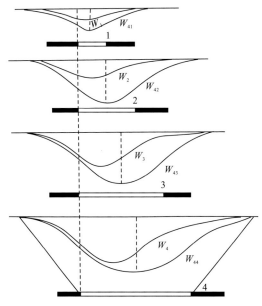

图3-10 非充分采动时下沉曲线随工作面推进演化示意图(据邹友峰等,2003)

W_i.下沉曲线;i.不同工况

3. 重复采动

煤层的重复采动是煤矿开采的常见现象,多见于煤层群开采和厚煤层开采。重复采动对

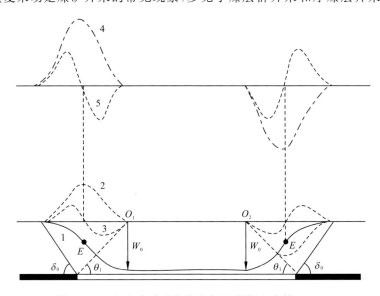

图3-11 超充分采动曲线示意图(据邹友峰等,2003)

1.下沉曲线;2.水平位移曲线;3.曲率曲线;4.倾斜曲线;5.水平变形曲线;W_0.充分采动时地表最大沉陷值;θ_1.开采影响传播角;δ_0.基岩走向边界角;O_1,O_2,E.采动影响位置

地表变形的影响主要表现在3个方面：①连续移动及变形值的增大，在开采过程中下沉系数较初次采动增加10%~20%，厚煤层采动第一次重复采动下沉系数增大20%左右，第二次增大10%左右，以后不再增加；②非连续破坏增加，重复采动可能使得初采破坏的岩体进一步破坏，从而使得地表发生不连续破坏，甚至突然出现大的断裂台阶；③地表移动参数的变化，复采相比初采边界减小5°~10°，移动角减小10°~15°，地表下沉速度增加，变形持续时间缩短。

第二节 采煤塌陷的地质环境效应

采煤塌陷区地质环境问题既有突发性的，也有累进性的，其形成很大程度上取决于煤矿开发的强度、规模与频度。采煤塌陷区地质环境问题的环境效应是指在勘查、开采、选冶加工和闭坑等煤炭开发过程中对环境造成的不良影响和破坏，是地质环境问题导致的综合结果。相比地质环境问题，规划、管理部门及当地人民群众更关注各类问题所诱发的环境效应。

构成煤矿区环境的主体是地壳表层的岩土和赋存于其中的地表水及地下水。煤炭开采引发的各类环境问题对环境的影响首先体现在岩、土和水的原始状态与性质的改变。综合前人研究（武强等，2003，2005，2008；徐友宁，2006），将研究区内地质环境问题所诱发的环境效应概括为：土地资源破坏效应，水环境破坏效应，次生灾害效应以及景观与生态效应（图3-12）。制定治理对策时，需依据地质环境问题的后果，即环境效应采取有针对性的措施，以保证治理工程的实用性和有效性。

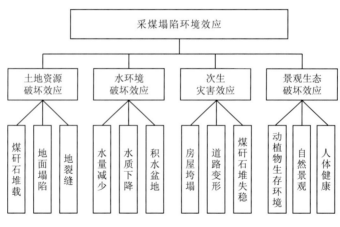

图3-12 采煤塌陷环境效应关系

一、土地资源破坏

土地资源破坏效应指土地资源被占压与破坏损毁，是一个减量化效应。

在塌陷区内，煤矸石堆载、自燃与淋滤污染，地面塌陷、地裂缝等地面变形，以及水土流失等各种环境问题均会对土地产生不良影响，其结果是令可利用的土地资源量减少、质量下降。据统计，中国煤矿区矸石堆占压土地面积占土地总破坏面积的1%左右，可见在治理矸石堆时，有效控制其作为污染源通过淋滤液、自燃烟尘、风化粉煤灰等形式扩散镉、汞、砷等重金属、放射性元素及苯并芘(a)等致畸致癌性多环芳烃污染物至水土环境是重中之重。

地面塌陷之后常形成大量常年或季节性积水盆地。安徽淮北、淮南、山东济宁等地塌陷坑积水面积广、深度大,部分区域水深可达5m,形成多个湖泊湿地,土地的耕作功能彻底丧失,迫使土地利用形态改变。而河北开滦煤矿,因水资源相对短缺,一般最大积水深度在1.5m左右,且多为季节性积水,导致农作物茬数减少或严重减产。此外,塌陷盆地的积水区外围因附加坡度而使原本平缓的平原耕作区形成凹凸不平的坡耕地,导致水土大量流失,不利于农业生产。黄淮海平原采煤塌陷区土地资源破坏状况(以邹城太平采煤区为例)见图3-13。

(a)矸石堆占压土地

(b)矸石、粉煤灰污染土壤

(c)农田塌陷积水

(d)塌陷地面变形产生的坡耕地

图3-13 邹城太平采煤区土地资源破坏现状

二、水环境破坏

水环境破坏效应即水资源损毁,也是一个减量化效应。

首先,污染物通过岩土渗透或降水淋滤液进入水体,导致地表水、地下水质量下降。其次,煤矿开采过程中疏降排水及闭坑后的突然停排,都会引起地下水天然径流和排泄条件的改变,造成矿区水文地质条件变化。前者会浪费大量优质地下水资源,导致水资源量减少,而后者会引起地下水水位迅速上升,进入采空区与活化的硫、重金属元素反应形成高硫、高重金属、高矿化度、低pH值的酸性水。该水体可进一步通过封堵不良的勘探井、钻孔、导水断层等进入其他含水层,发生串层污染。最后,地面塌陷使赋存于浅表层岩土体中的地下水出露于地表,形成大规模的积水盆地,使大量地下水失去了岩土体的天然保护暴露于本就恶化的矿区地表环境中,污染风险极大地增加。表 3-2 与表 3-3 分别是山东邹城采煤塌陷区内的地表水(包括河流与塌陷坑积水)与地下水的水质检测数据,可在一定程度上反映黄淮海平原采煤塌陷区的水质状况。水资源数量减少和质量下降将最终导致水环境系统失衡。

表 3-2 地表水水样测试结果　　　　　　　　　　　(单位:mg/L)

序号	测试项目	白马河	TX1	TX2	TX3	TX5	泗河
1	F	0.8769	0.8934	0.6476	1.0536	0.5297	0.5193
2	Cl^-	112.2021	52.2263	34.6017	70.5959	34.1237	168.8280
3	NO_2^-	1.6703	n.a.	n.a.	n.a.	0.4091	n.a.
5	NO_3^-	3.0795	12.0796	10.3929	0.1365	2.0392	0.3846
6	SO_4^{2-}	555.2781	589.7966	119.9229	1920.4560	122.1642	252.6029
7	As	0.0043	n.a.	0.0006	0.0028	n.a.	0.0027
8	Cd	0.0001	0.0002	0.0002	0.0009	0.0002	n.a.
9	Cr	0.0013	0.0018	0.0009	0.0049	0.0000	0.0035
10	Cu	0.0016	0.0068	0.0052	0.0088	0.0068	0.0068
11	Zn	0.0509	1.0335	1.0143	0.1919	0.0505	0.0060
12	Ni	0.0273	0.0359	n.a.	0.0464	0.0177	0.0071
13	Pb	0.0066	0.0073	n.a.	0.0187	n.a.	n.a.

注:TX1、TX2、TX3、TX5 代表不同塌陷坑水样,n.a. 表示未检出。

表 3-3 地下水水样测试结果　　　　　　　　　　　(单位:mg/L)

序号	测试项目	水样编号				
		NO.01	NO.02	NO.03	NO.04	NO.05
1	pH	7.90	7.11	8.40	7.00	7.60
2	总硬度	388.00	452.45	491.98	376.53	441.45
3	总溶解性固体	918.00	668.12	790.27	491.37	721.00
4	SO_4^{2-}	150.00	267.89	101.35	287.68	185.4
5	Cl^-	108.00	84.00	46.35	0.40	0.50
6	NO_3^-	1.29	1.46	2.20	12.11	19.08
7	NO_2^-	<0.003	0.006	<0.008	<0.008	0.01
8	NH_4^+	<0.05	<0.05	0.50	n.a.	n.a.

注:NO.01~NO.05 为治理区内均匀分布的 5 个地下水取水点,n.a. 表示未检出。

根据《地表水环境质量标准》(GB 3838—2002),6个水样中有4个水样的硫酸根离子超过Ⅲ类水的标准,TX1与TX2的硝酸根和锌均超标,说明矿区地表水受到了与煤炭关系密切的硫酸盐的影响。塌陷坑内水质较差还可能与附近居民日常生产生活的废水、废弃物排放有关。

根据《地下水质量标准》(GB/T 14848—93),有2个水样点的硫酸根离子含量超过Ⅲ类水标准,说明煤矿区地下水受到了硫酸盐的污染,污染源可能是采空区串层水或地表堆积矸石堆淋滤液的下渗。此外,有4个水样的总溶解性固体介于Ⅱ类与Ⅲ类之间,虽未超过危害人体健康的国家标准,但检测到的指标值较大,表明地下水受到了煤矿区采矿活动及居民生活排污的影响。

三、次生灾害

该效应指矿区原有的地质环境问题导致的次生地质灾害,是一种不可逆的环境负效应。煤矸石堆载与自燃、地面变形、水土流失等问题,未得到有效控制或处理不当便可能诱发次生地质灾害。

在采煤塌陷区内,原生且最为突出的地质环境问题便是地面塌陷,相应的地裂缝、房屋失稳、水土流失、土壤盐碱化等一系列地质环境问题,或是由它直接引发,或是它充当主要的致灾因子。常见的次生灾害有房屋变形垮塌、地裂缝、煤矸石堆失稳滑塌与自燃等。在山东邹城,塌陷区内居民建筑物、道路、河堤和铁路均有一定程度的破坏,威胁2 500余户7 000多人的生命与财产安全(图3-14)。唐山南部煤矿区,多年堆积十多个40余米高的大型煤矸石堆,是周边一大安全隐患。

(a)地裂缝　　　　　　　　　　　　(b)房屋拉裂

图3-14　邹城太平采煤区地面塌陷导致的地裂缝及房屋拉裂破坏

四、景观与生态破坏

景观与生态效应指矿区环境问题积累、加剧对景观与生态环境的改造与破坏作用,属于环境负效应。引起景观与生态破坏的诱因几乎涵盖了所有的环境问题。在采煤塌陷区内,地质环境问题的综合效应最终往往体现在自然景观与生态环境的破坏方面。

生态景观破坏一般表现在动植物生存环境、景观与人体健康三方面。动植物生存环境方面包含植被覆盖率、生物多样性、动植物协调性等;景观破坏包含自然、地质及人文景观的破坏;人体健康主要反映在重金属或毒害有机物致癌、致畸方面。

安徽淮北、淮南等地依据采煤塌陷区的既成现状,因势利导,对因常年积水而形成的湖泊、湿地加以治理、改造,并保留了一定的采煤遗迹与生产设备,以传播采煤工艺与煤炭成因、演变等知识,吸引了周边大量游客前去休闲游玩,不仅重建了优美的湿地景观,且具有良好的经济效益与社会效益。

第三节 缓倾深埋煤层采空塌陷的理论分析

一、附加应力分区

地下煤炭资源的开采形成采空区,采空区破坏了周围岩体原始的应力平衡状态,岩体内的应力重新分布以达到新的平衡。在应力重新分布的过程中,岩土体产生连续的移动、变形,并向上传递到地表,形成地表沉陷盆地,对地形地物造成严重破坏,此现象即"开采沉陷"(何国清等,1991)。

煤层周围岩土体中的初始应力因受到采动影响,其平衡状态受到了破坏,产生了附加应力分区(图3-15)。

(1)双向拉应力区。在采空区上方直接顶和老顶的岩层中及煤柱上方的松散层地表正曲率区内形成双向拉应力区,即最大和最小主应力都是拉应力,交角45°左右。应力大小超过岩体抗拉强度时,岩体被拉断,产生开裂、垮落,在地表松散层中则形成拉张地裂缝。

(2)拉压应力区。在老顶双拉应力区以上的岩层和松散层正曲率区中形成拉压应力区,最大主应力为压应力,在煤柱附近的上覆岩层和松散层中方向近垂直,向采空区偏转,在采空区正上方转为近水平向。最小主应力为拉应力,从两侧向采空区中央,应力方向由基本顺层转为与层理大角度斜交。

(3)压应力区。在煤柱上下方的岩层内形成支撑压应力区,最大主应力为压应力,在煤柱附近为近垂直方向。在采空区上方松散层负曲率区内形成压应力区,最大、最小主应力均为压应力,最大主应力从两侧向采空区由近垂直转为顺层方向。

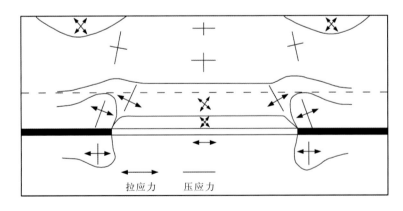

图3-15 采空区覆岩主应力分布图

二、地下开采引起的岩层移动

局部矿体被采出后,在岩体内部形成一个空洞,其周围原有的应力平衡状态受到破坏,引起应力的重新分布,直至达到新的平衡。这是一个十分复杂的物理、力学变化过程,也是岩层产生移动和破坏的过程。这一过程和现象被称为岩层移动(何国清等,1991)。

下面以近水平煤层开采为例,来说明覆岩移动和破坏过程及其应力状态的变化。当地下煤层被采出后,采空区的顶板岩层在自重力及其上覆岩层的作用下,产生向下的移动和弯曲。当其内部拉应力超过岩层的抗拉强度极限时,直接顶板首先断裂、破碎、相继冒落,而老顶岩层则以梁或悬臂梁弯曲的形式沿层理面法线方向移动、弯曲,进而产生断裂、离层。随着工作面的向前推进,受采动影响的岩层范围不断扩大。当开采范围足够大时,岩层移动发展到地表,在地表形成一个比采空区还大的下沉盆地,如图3-16所示。

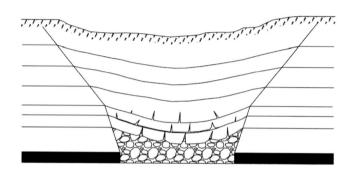

图3-16 岩层移动破坏示意图

岩层移动致使顶板岩层悬空及其部分重量传递到周围未直接采动的岩体上,引起采区周围岩体内的应力重分布,形成增压区(支承压力区)和减压区(卸载压力区)。在采区边界煤柱及其上下方的岩层内形成支承压力区,在这个区域,煤柱和岩层被压缩,有时被压碎,挤向采空区。支承压力在煤层底板中的传播如图3-17所示。

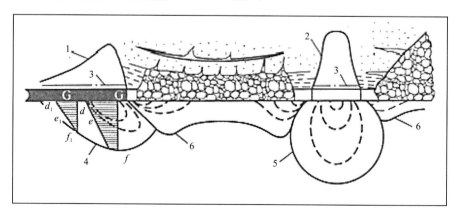

图3-17 支承压力在煤层底板中的传播(据何国清等,1991)

1,2.承支承压力曲线;3.原始应力曲线;4,5.应力增高区境界线;6.应力降低区境界线;
d, d_1, e, e_1, f, f_1.压力传播与重分布曲线

根据岩层移动和变形特征及应力分布情况,移动过程终止后,岩层内可大致划分为3个移动特征区(图3-18)。

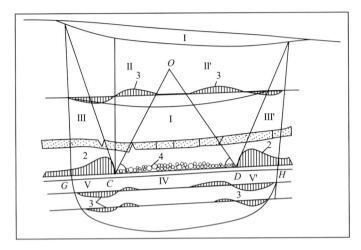

图3-18 采空区影响范围内的影响带的划分示意图(据何国清等,1991)
1.地表下沉曲线;2.支承压力区内的正应力图;3.沿层面法向岩石变形曲线图;4.冒落带;
C,D,G,H,O.岩层方向应力转折点

充分采动区 COD 位于采空区中部的上方,其移动特征是:煤层顶板处于受拉状态,先向采空区方向弯曲,然后破碎成大小不一的岩块向下冒落而充填采空区,此后,岩层成层状向下弯曲,同时伴随有离层、裂隙、断裂等现象。成层状弯曲岩层的下沉,使冒落破碎的岩块逐渐被压实。移动过程结束后,此区内下沉的岩层仍平行于它的原始层位,层内各点的移动向量与煤层法线方向一致,同一层内的移动向量彼此相等(何国清等,1991)。

岩石压缩区(支承压力区)位于采空区边界煤柱的上方,在支承压力区之上的岩层内,不仅有沿层面法线方向的拉伸变形,而且还出现沿层面法线方向的压缩变形。最大弯曲区Ⅱ、Ⅱ′位于充分采动区Ⅰ和支承压力区Ⅲ、Ⅲ′之间,在这个范围内的岩层向下弯曲程度最大。因为岩层弯曲,在层内产生沿层面方向的拉伸和压缩变形。同时,在煤层底板岩层内的应力条件也发生了相应的变化,形成压缩区Ⅴ、Ⅴ′以及隆起区Ⅳ。

三、岩层移动的形式

在附加应力的作用下岩土体发生的移动变形主要包括弯曲、冒落、片帮、滑移、断裂等类型。

1. 上覆岩层弯曲

矿体被采出后,采空区上覆岩层从直接顶开始,沿法线方向向采空区弯曲,并形成裂隙。

2. 顶板冒落

随着采空区范围的扩大,裂隙进一步发育,在岩体中原有的结构面共同作用下,采空区上覆岩体被切割成弱连接的嵌合体。在自重和围岩应力作用下,工作面放顶后直接顶失稳垮落,并将这个过程传递给相邻岩块,相继垮落,形成"冒落带"。冒落的岩体具有一定的碎胀性和剪胀性,二者体积之和等于采空区体积时,上覆岩体被支撑,冒落停止。

3. 侧面片帮

采空区两侧的煤柱上下方形成支撑压力区,在附加应力的作用下,部分煤块被压碎挤向采空区。

4. 岩层滑移

在倾斜地层中,岩层在自重作用下,除了产生沿层面法线方向的弯曲之外,还会沿层面方向移动。

5. 底板隆起

当煤层底板岩性较软且倾角较大时,煤层被采出后,底板在垂直方向上减压,水平方向增压,造成底板向采空区方向隆起。

6. 顶板断裂

岩体移动变形由冒落带继续向上传递。在附加应力作用下,老顶产生裂缝、离层,但没有垮落,如铰接岩块假说所论述的仍保持相互咬合呈铰接状态的层状结构,即"裂隙带",拱形冒落理论所讲的平衡拱即在裂隙带。裂隙带连通性强,可沟通上下含水层。

7. 覆盖层弯曲

在裂隙带之上,岩层在自重作用下产生岩层面法向弯曲,在水平方向受双向压缩,整个弯曲过程是连续而有规律的,并保持岩层的整体性和层状结构,基本不产生离层裂缝,与下部岩体的贯通性较差,即"弯曲带"。

8. 沉陷盆地

地下岩土体变形继续向上传递,直至地表移动变形,形成沉陷盆地。冒落带发育到地表时,地面出现最严重的沉陷变形,在采空区边界附近,由于悬臂梁作用,可保留一定高度的断裂带。地表移动变形与地下岩体移动属于开采沉陷问题的两个表现方面。

下沉盆地的地表点并非只受倾斜或下沉的单一影响,而是遍历了所有的状态。如图 3-19 中曲线上的箭头指示地表点 P 的运动方向。当工作面由远处开始向 P 点推进,P 点逐渐下沉,P 点的水平移动方向与工作面推进的方向相反;当工作面经过 P 点继续向前推进时,地表下沉速度迅速地加快,并逐渐达到了最大下沉速度,该点的移动方向近于铅垂方向;工作面继续向前推进,逐渐开始远离点 P 后,该点的移动方向逐渐改变并与工作面推进方向相同;当工作面远离 P 点并达到一定距离以后,回采工作面对 P 点影响逐渐消失,地表点 P 的移动趋于停止。

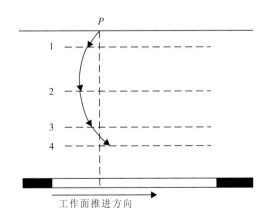

图 3-19 地表点运动轨迹示意图
1,2,3,4.应力变化的 4 种状态

四、移动稳定后的开采影响带

煤层采出后,在采空区周围的岩层中发生了较为复杂的移动和变形。根据采矿工程的需要,将移动稳定后的岩层按其破坏程度,大致分为3个不同的开采影响带,即冒落带、裂隙(或称断裂)带、弯曲下沉带,如图3-20所示(何国清等,1991)。

1. 冒落带

冒落带是指用全部垮落法管理顶板时,回采工作面放顶后引起煤层直接顶板岩层产生破坏的范围。冒落带内岩层破坏的特点如下。

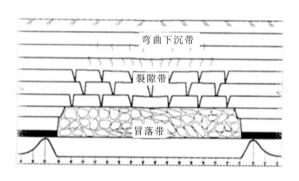

图 3-20 采空区上覆岩层内移动分带示意图
(据何国清等,1991)

(1)随着煤层的开采,其直接顶板在自重力的作用下,发生法向弯曲,当岩层内部的拉应力超过岩石的抗拉强度时,便产生断裂、破碎成块而垮落,冒落岩块大小不一,无规则地堆积在采空区内。根据冒落岩块的破坏和堆积状况,冒落带可分为不规则冒落和规则冒落两部分。在不规则冒落部分,岩层完全失去了原有的层位,在煤层附近,岩石破碎,堆积紊乱。在规则的冒落带内,岩层基本上保持原有层次,位于不规则冒落带之上。

(2)冒落岩石具有一定的碎胀性。冒落岩块间空隙较大,连通性好,有利于水、沙、泥土通过。冒落岩石的体积大于冒落前的原岩体积。岩石具有的碎胀性是使冒落能自行停止的根本原因。

(3)冒落岩石具有可压缩性。冒落岩块间的空隙随着时间的延长和采动程度的加大,在一定程度上可得到压实,一般是稳定时间越长,压实性越好,但永远不会恢复到原岩体的体积。

(4)冒落带的高度主要取决于采出厚度和上覆岩石的碎胀系数,通常为采出厚度的3~5倍。薄煤层开采时冒高较小,一般为采出厚度的1.7倍左右。顶板岩石坚硬时,冒落带高度为采出厚度的5~6倍;顶板为软岩时,冒落带的高度为采出厚度的2~4倍。

2. 裂隙带(又称断裂带)

在采空区上覆岩层中产生裂隙、离层及断裂,但仍保持层状结构的岩层称为裂隙带,它位于冒落带和弯曲带之间。裂隙带内岩层产生较大的弯曲、变形及破坏,其破坏特征是:裂隙带内岩层不仅发生垂直于层理面的裂隙或断裂,而且产生顺层理面的离层裂隙。根据垂直层理面裂隙的大小及其连通性的好坏,裂隙带内的岩层断裂可分为严重断裂、一般断裂和微小断裂。严重断裂部分的岩层大多断开,但仍保持其原有层次,裂隙漏水严重。一般断裂部分的岩层很少断开,漏水程度一般。微小断裂部分的岩层裂隙不断开,连通性较差。

3. 弯曲下沉带

弯曲下沉带位于裂隙带之上直至地表。此带内岩层的移动特点如下。

(1)带内岩层在自重力的作用下产生层面法向弯曲,在水平方向处于双向受压缩状态,因而其压实程度和隔水性较好,特别是当岩性较软时,隔水性更好,可成为水下开采时的良好保护层,但透水的松散层在该带内就不能起到这种作用。

(2)带内岩层的移动过程是连续且有规律的,并保持其整体性和层状结构,不存在或极少存在离层裂隙。在竖直面内,各部分的位移相差很小。

(3)弯曲带的高度主要受开采深度的影响。当开采深度很大时,弯曲带的高度可大大超过冒落带和裂隙带的高度之和。此时,开采形成的裂隙带不会延伸至地表,地表的移动和变形相对比较平缓。有时在地表也可能产生一些裂隙,但这些裂隙表现为上大、下小,到一定深度自行闭合而消失,不和井下裂隙相沟通。

以上划分的3个移动带,在缓倾深埋煤层开采时表现明显。根据顶板管理方法、采空区大小、开采厚度、岩石性质及开采深度的不同,覆岩中的上述3个带不一定同时存在。

第四节 巨厚松散层下开采地面塌陷预测

地表移动变形是开采塌陷问题在地面的反映形式,可运用基于非连续介质理论的概率积分法对地表移动变形情况进行预测分析。概率积分法是目前中国在地面塌陷预测研究中应用最广泛的方法之一。在巨厚松散层下地面塌陷预测的应用中,需要根据松散层的特性对预测模型进行一定的修正,使它更符合实际情况。通过修正的模型,对研究区工作面上的地表移动状态进行预测,总结其移动变形规律的特点。

一、概率积分法简介

1956年,波兰学者李特威尼申(Litwiniszyn)提出随机介质理论,该理论基于非连续介质理论体系。岩体因原生的节理、裂隙以及采动破坏呈现不连续性,非连续介质理论将岩体看作由椭圆形介质点所构成的松散介质(陈祥恩,2001)。随机介质理论认为随机介质的理论模型(图3-21)所描述的规律和地下煤层开采引发的覆岩与地表的移动变形规律从宏观角度来看是相似的。该理论模型认为颗粒介质的移动是一个相互之间没有联系的随机过程。因此,煤层开采的过程可分解为无穷多无限小的单元开采,开采对覆岩和地面的影响可看成单元开采影响的总和(徐永圻,1999)。

图3-21(a)为随机介质理论模型(何国清等,1991)。假设介质颗粒是如图所示方格里排列的质量均一、大小相同的小球,一个方格里的小球被移走后,在重力作用下,上一层相邻的两个小球以相同的随机概率滚入此方格里。a_1格内的小球被移出后,第二分层a_2或b_2格内的小球下落填充。第二分层的小球下落后的空间被第三分层的小球下落填充,以此类推,向上传递。a_1移出后,a_2、b_2下落的概率都是1/2。在a_2或b_2下落的前提下,将引起a_3、b_3或者b_3、c_3下落,它们下落的概率都为1/4,如此a_3、b_3、c_3下落的概率分别为1/4、2/4、1/4。以此类推,a_1下落后,各分层小球下落的概率分布如图3-21(b)所示。每分层总有一个小球下落,则每分层有一个小球下落的事件概率为1。根据概率论的极限定理,当分层及格子数量无限多时,其概率分布的曲线趋近于正态分布曲线,即图3-21(b)的高斯曲线。

中国学者刘宝琛、廖国华等将李特威尼申的随机介质理论发展为概率积分法。概率积分法基于随机介质理论的随机事件理论模型,以事件发生的概率来描述岩层和地面沉降的可能性及沉降量,所以又叫随机介质理论法(谷拴成等,2012)。这是一种介于经验方法和理论方法之间的预测方法(何国清等,1991)。

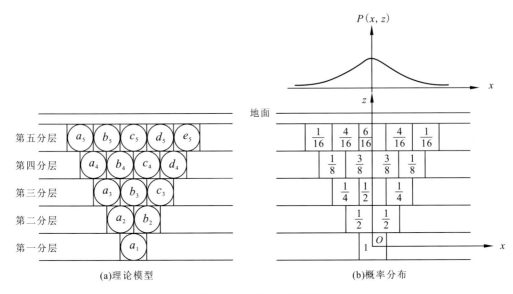

(a)理论模型　　　　　　　　　　(b)概率分布

图 3-21　随机介质模型

采用概率积分法对地表移动变形预测所用的主要参数有下沉系数、水平移动系数、主要影响角正切、开采影响传播角、拐点偏距和采动程度系数 6 个参数。描述地表移动状态的常用指标有下沉、倾斜、曲率、水平移动和水平变形等值(顾叶等,2011)。

经理论研究和近些年的实践证明,在对一般地质采矿条件下的地面塌陷进行预测时,概率积分法预测结果比较接近工程实际(陈祥恩,2001),是目前中国煤矿开采地面塌陷预测最广泛使用的方法之一(翟树纯等,2012)。

二、典型研究区地层和煤炭开采概况

选择邹城市横河煤矿北部的采空塌陷区作为典型研究区开展巨厚松散层下开采的地面塌陷预测。该区地层为石炭系—二叠系,属华北型含煤岩系。地层自上而下分别为第四系(Q)、侏罗系(J)、二叠系(P)、石炭系(C)和奥陶系(O)。

1. 第四系(Q)

第四系覆盖全区,上组由褐黄色、灰绿色黏土、砂质黏土与黏土质砂、砂等相间成层组成,以砂质黏土为主,黏土类分布较多钙质、铁锰质结核,砂土类以石英为主,长石次之,分选性差,松散;中组由棕黄色、灰绿色黏土、砂质黏土及黏土质砂组成,以黏土为主;下部由灰白色黏土质、粗砂及砂砾层相间组成,夹黏土质透镜体。

2. 侏罗系(J)

侏罗系上部为灰绿色粉砂岩、细砂岩夹泥岩,底部为一层砾岩;下部为红色粗、中、细粒砂岩,间夹泥岩薄层。与下伏二叠系呈不整合接触。

3. 二叠系(P)

二叠系从上到下分为下石盒子组、山西组。①下石盒子岩性组以杂色泥岩、铝质泥岩为主,夹灰色、灰绿色薄层粉砂岩和细砂岩,底部为一层灰白色粗砂岩,成分以石英为主,硅质接触式胶结。与下伏山西组整合接触。②山西组岩性为浅灰色、灰白色中细粒砂岩互层,深灰色粉砂岩和浅灰色铝质泥岩。为本井田主要含煤地层,含有厚度大且稳定可采的3#层煤,平均厚度8.8m;局部可采的2#煤层,平均厚度1.43m。与太原组为连续沉积。

4. 石炭系(C)

石炭系由上到下为太原组与本溪组。①太原组主要为灰色—灰黑色砂岩、泥质岩,铝质泥岩,灰绿色、灰白色细砂岩。为本区主要含煤地层之一,含煤8～20层以及不稳定薄煤层2～3层。与本溪组整合接触。②本溪组以灰色石灰岩为主夹杂色铝质泥岩、紫色铁质及铝土岩,偶夹薄煤层,不可采。与奥陶系石灰岩呈假整合接触。

5. 奥陶系(O)

奥陶系为煤系地层基底,从上到下分马家沟组和冶里组。①马家沟组以青灰色—褐灰色厚层状石灰岩、豹皮状石灰岩、白云质石灰岩为主。②冶里组主要由灰白色白云质灰岩组成。

横河煤矿地质总储量 $7.889×10^7$ t,其中 A 级储量 $8.035×10^6$ t,B 级储量 $2\,938.1×10^4$ t,C 级储量 $4.147\,4×10^7$ t。可采储量 $2.843\,19×10^7$ t,永久煤柱储量 $3.865×10^7$ t。1986 年 11 月开工建设,1993 年 12 月正式投产。设计生产能力为 $4.5×10^5$ t/a,服务年限 45 年,一个生产水平(-258m),一个辅助水平(-160m)。研究区位于横河煤矿采区 534E 工作面(图 3-22),煤层底板最低等高线-210m。矿井开拓方式:采取竖井开拓,辅助水平与生产水平以一对暗斜井连接。通风方式:中央并列式,副井及轨道暗斜井进风,主井及皮带暗斜井回风。

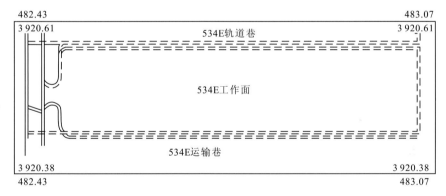

图 3-22 横河煤矿 534E 工作面位置示意图

采煤方法:厚煤层为走向长壁后退式,分层放顶煤炮采工艺,垮落法管理顶板;薄煤层为走向长壁后退式,炮采工艺,垮落法管理顶板。

三、研究区预测模型的建立

(一)工程地质模型

工程地质模型这一概念是中国科学院地质研究所的孙玉科、姚宝魁教授于 1983 年首次提出。其含义是根据工程地质性状,将重要的工程地质条件,按照其实际存在状态,简明扼要地用图形表示出来,清晰地表明工程与地质条件的关系。建立工程地质模型必须遵守两条基本法则:①便于工程应用;②与实际相符(孙玉科等,1983)。

由于松散层结构疏松,其工程地质特征,如抗弯强度、抗剪强度,与基岩相比差异巨大,属于典型的软弱层。同时考虑上述两个原则,故将研究区 534E 工作面工程地质模型建立为双层模型,即上部松散层和下部基岩层,如图3-23所示。

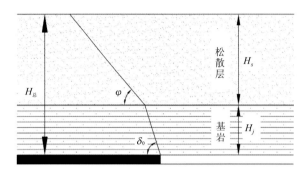

图3-23 工程地质模型

$H_总$. 上覆地层总厚度(m);H_s. 松散层厚度(m);H_j. 基岩厚度(m);δ_0. 基岩地层影响角(°);φ. 松散地层影响角(°)

(二)概率积分法预测模型

依据传统的概率积分法,运用叠加原理,建立有限开采条件下采空区走向、倾向主断面及平面任意点的有限开采数学模型。

(1)采区走向主断面模型如下(图3-24):

$$
\begin{cases}
W^0(x) = C_{ym}\left\{\dfrac{W_0}{2}\left[\mathrm{erf}\left(\dfrac{\sqrt{\pi}}{r}x\right) - \mathrm{erf}\left(\dfrac{\sqrt{\pi}}{r}(x-l)\right)\right]\right\} \\
i^0(x) = C_{ym}\left\{\dfrac{W_0}{r}\left[\mathrm{e}^{-\pi\frac{x^2}{r^2}} - \mathrm{e}^{-\pi\frac{(x-l)^2}{r^2}}\right]\right\} \\
K^0(x) = C_{ym}\left\{\dfrac{2\pi W_0}{r^3}\left[(x-l)\mathrm{e}^{-\pi\frac{(x-l)^2}{r^2}} - x\mathrm{e}^{-\pi\frac{x^2}{r^2}}\right]\right\} \\
U^0(x) = C_{ym}bW_0\left[\mathrm{e}^{-\pi\frac{x^2}{r^2}} - \mathrm{e}^{-\pi\frac{(x-l)^2}{r^2}}\right] \\
\xi^0(x) = C_{ym}\left\{-\dfrac{2\pi bW_0}{r^2}\left[x\mathrm{e}^{-\pi\frac{x^2}{r^2}} - (x-l)\mathrm{e}^{-\pi\frac{(x-l)^2}{r^2}}\right]\right\}
\end{cases}
\quad (3-1)
$$

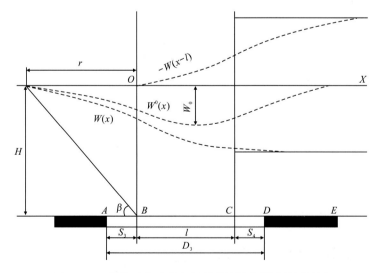

图3-24 有限开采时走向主断面移动变形计算原理图

(2)采区倾向主断面模型如下(图 3-25):

$$\begin{cases} W^0(y) = C_{xm}[W(y;t_1) - W(y-L;t_2)] \\ i^0(y) = C_{xm}[i(y;t_1) - i(y-L;t_2)] \\ K^0(y) = C_{xm}[K(y;t_1) - K(y-L;t_2)] \\ U^0(y) = C_{xm}\{W_0(b_1 e^{-\pi\frac{y^2}{r_1^2}} - b_2 e^{-\pi\frac{(y-L)^2}{r_2^2}}) + \\ \qquad\qquad [W(y;t_1) - W(y-L;t_2)]\cot\theta_0\} \\ \xi^0(y) = C_{xm}\{-2\pi W_0[\frac{b_1}{r_1^2}y e^{-\pi\frac{y^2}{r_1^2}} - \frac{b_2}{r_2^2}(y-L)e^{-\pi\frac{(y-L)^2}{r_2^2}}] + \\ \qquad\qquad [i(y;t_1) - i(y-L;t_2)]\cot\theta_0\} \end{cases} \quad (3-2)$$

式中:$W^0(x)$、$i^0(x)$、$K^0(x)$、$U^0(x)$、$\xi^0(x)$ 分别为走向主断面 x 处沉陷、倾斜、曲率、水平移动、水平变形值(m);$W^0(y)$、$i^0(y)$、$K^0(y)$、$U^0(y)$、$\xi^0(y)$ 分别为倾向主断面上 y 处沉陷、倾斜、曲率、水平移动、水平变形值(m);erf 为高斯误差函数;α 为煤层倾角(°);W_0 为充分采动时的地表最大沉陷值,$W_0 = Mq\cos\alpha$(m);r 为煤层主要影响半径(m);b 为水平移动系数;θ_0 为开采影响传播角(°);C_{xm}、C_{ym} 分别为走向、倾向采动程度系数;t_1、t_2 分别为下山、上山边界相应参数 r_1、b_1 和 r_2、b_2;l 为走向有限开采时的计算长度(m),$l = D_3 - S_3 - S_4$,其中,D_3 为工作面走向长度(m),S_3、S_4 分别为走向方向左、右边界拐点偏距(m);L 为倾向有限开采的计算长度(m),$L = (D_1 - S_1 - S_2)\frac{\sin(\theta_0 + \alpha)}{\sin\theta_0}$,其中,$D_1$ 为工作面倾向长度(m),S_1、S_2 分别为走向方向下山、上山边界拐点偏距(m)。

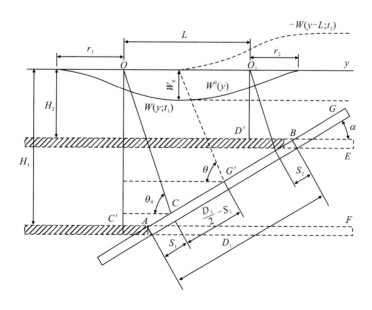

图 3-25 有限开采时倾向主断面移动变形计算原理图

(3)采空区内任意地表点(x,y)沉陷变形预测模型:

$$\begin{cases} W(x,y) = \dfrac{1}{W_0} W^{0'}(x) W^{0'}(y) \\ i(x,y)_\varphi = \dfrac{1}{W_0}[W^{0'}(y)i^{0'})(x)\cos\varphi + W^{0'}(x)i^{0'}(y)\sin\varphi] \\ K(x,y)_\varphi = C(y)K(x)\cos^2\varphi + C(x)K(y)\sin^2\varphi + C_{[x,y]}\sin 2\varphi \\ U(x,y)_\varphi = \dfrac{1}{W_0}[W^{0'}(y)U^{0'}(x)\cos\varphi + W^{0'}(x)U^{0'}(y)\sin\varphi] \\ \xi(x,y)_\varphi = \dfrac{1}{W_0}\{\xi^{0'}(x)W^{0'}(y)\cos^2\varphi + \xi^{0'}(y)W^{0'}(x)\sin^2\varphi + \\ \qquad\qquad [i^{0'}(x)U^{0'}(y)+i^{0'}(y)U^{0'}(x)]\sin\varphi\cos\varphi\} \end{cases} \quad (3-3)$$

式中：$W^{0'}(x)$ 为倾向方向达到充分采动时走向主断面上横坐标 x 点的下沉值(m)；$W^{0'}(y)$ 为走向方向达到充分采动时倾向主断面上横坐标 y 点的下沉值(m)；$i^{0'}$、$K^{0'}$、$U^{0'}$、$\xi^{0'}$ 分别为倾向(走向)达到充分采动时，走向(倾向)主断面上的倾斜、曲率、水平移动、水平变形值(m)；φ 为从横坐标 x 方向逆时针旋转到待求方向的角度(°)；$C_{[x,y]} = \dfrac{1}{W_0 i(x)} i(x)i(y)$；$C(x)$、$C(y)$ 为主断面下沉分布系数。

(三)概率积分法模型修正

巨厚松散层具有不同于一般地质条件下的沉陷特性。在以往的大多数研究中，所采用的是综合角量参数，未对基岩和松散层各自的角量参数进行区分，其预测结果与实际比较有一定的偏差(邓智毅等，2011)。图 3-26 所示是典型的巨厚松散层下开采沉陷地表移动盆地，显然，当松散层厚度 H_s 较大时，下沉盆地外影响半径 $r_{外} = H_s/\tan\varphi + H_j/\tan\delta > r_{内}$，因为厚松散层的存在，影响范围扩大，盆地边缘收敛较慢。

此处对概率积分法的数学模型进行了修正，以期能够较好地运用到巨厚松散层的地面塌陷预测中，对研究区的开采沉陷问题进行准确的预测。

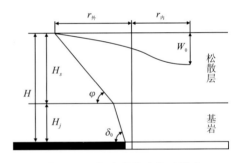

图 3-26 概率积分法修正模型

研究区的基岩部分仍可用传统的概率积分法进行移动变形预测，沉陷值预测公式如下：

$$W_j(x) = Mq_j \int_0^\infty \dfrac{1}{r_j} e^{-\pi(\frac{r_j-s}{r_j})^2} ds \quad (3-4)$$

式中：M 为煤层开采厚度(m)；q_j 为基岩下沉系数。

应用高斯误差函数 erf，式(3-4)可写为：

$$W_j(x) = \dfrac{1}{2}Mq_j\left[\text{erf}\left(\dfrac{\sqrt{\pi}}{r_j}x\right) - \text{erf}\left(\dfrac{\sqrt{\pi}}{r_j}(x-l)\right)\right] \quad (3-5)$$

预测地面下沉时，将基岩面的下沉等效看作松散层下变采厚的采空区。根据叠加原理可得到地面下沉预测公式为：

$$W(x) = \dfrac{1}{2}W_j(x)q\left[\text{erf}\left(\dfrac{\sqrt{\pi}}{r}x\right) + \text{erf}\left(\dfrac{\sqrt{\pi}}{r}(x-l)\right)\right] \quad (3-6)$$

式中:q 为松散层下沉系数。

影响半径的计算公式:

$$r_{\text{外}} = \frac{H_j}{\tan\delta_0} + \frac{H_s}{\tan\varphi} \qquad \text{当 } x < 0 \text{ 时} \qquad (3-7)$$

$$r_{\text{内}} = \frac{H}{\tan\beta} \qquad \text{当 } x > 0 \text{ 时} \qquad (3-8)$$

式中:δ_0 为基岩走向边界角(°);φ 为松散层移动角(°)。

可以通过设置观测线,并根据其数据求取松散层和基岩的边界角及移动角,在充分采动或接近充分采动的条件下,地表移动盆地主断面上盆地边界点(下沉值达到 10mm 的点)至采空区边界的连线与水平线在煤柱一侧的夹角称为边界角(邓智毅等,2011)。走向边界角以 δ_0 表示;下山边界角以 β_0 表示,上山边界角以 γ_0 表示,如图 3-27 所示。

因煤层倾角较小,故在一定范围内可以认为移动角及边界角在走向与上、下山方向近似相等:

$$\delta = \gamma = \beta; \quad \delta_0 = \gamma_0 = \beta_0 \qquad (3-9)$$

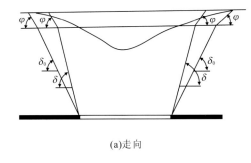 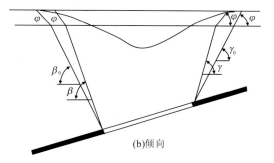

(a)走向　　　　　　　　　　(b)倾向

图 3-27　边界角示意图(据邓智毅等,2011)

走向及倾向观测线实测移动变形曲线量得开采边界下沉 10mm 的点水平距离 h_1、h_2(m),由采深和松散层厚度 h_1、h_2,可得基岩厚度 H_1、H_2,依据图 3-27 所示几何关系可得:

$$l_1 = h_1 \times \cot\varphi + H_1 \times \cot\beta \qquad (3-10)$$

$$l_2 = h_2 \times \cot\varphi + H_2 \times \cot\delta \qquad (3-11)$$

由以上两式可求出松散层边界角和基岩边界角。

类似可知,走向及倾向观测线实测移动变形曲线量得开采边界至临界变形点的水平距离为 l_3、l_4,由采深和松散层厚度 h_3、h_4,可求得基岩厚度 H_3、H_4,依据图 3-28 所示几何关系得:

$$l_3 = h_3 \times \cot\varphi_0 + H_3 \times \cot\beta_0 \qquad (3-12)$$

$$l_4 = h_4 \times \cot\varphi_0 + H_4 \times \cot\delta_0 \qquad (3-13)$$

由以上两式可求得松散层移动角和基岩移动角。

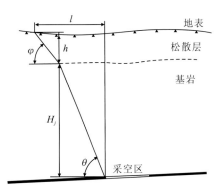

图 3-28　边界角求取原理图
(据邓智毅等,2011)

四、概率积分法预测参数的选取

参数的选取对模型预测结果的精确度至关重要。概率积分法预测所需的主要参数包括：下沉系数、水平移动系数、主要影响半径与主要影响角正切、开采影响传播角、拐点偏距和采动程度系数6个。

1. 下沉系数 q

下沉系数 q 指水平煤层走向和倾向充分开采时，地面最大沉陷值 W_0(m) 与煤层开采厚度 M(m) 之比：

$$q = W_0 / M \tag{3-14}$$

根据已有的实测资料分析，q 的大小受地质因素和采矿因素的综合影响。地质因素如：地层岩性、地层结构；采矿因素如：开采方法、采厚、采深、顶板管理及采动程度等。从宏观上来说，岩体硬度越大，q 值越小，但二者之间的定量关系及其他因素的影响，还处于研究阶段（于楷，2011）。

2. 水平移动系数 b

水平移动系数 b 指充分采动情况下，走向主断面上地表最大水平移动值 U_{cm}(m) 与地面最大下沉值 W_{cm}(m) 之比：

$$b = U_{cm} / W_{cm} \tag{3-15}$$

水平移动系数 b 与开采深度、采厚、煤层倾角、开采宽度、松散层厚度等因素有关。研究区主要受松散层影响，松散层本身具有流变特性，能够使它在下沉移动的同时，以流动的形式充填基岩下沉留下的空间，使得水平移动系数随松散层厚度的增大而增大（陈胜华，2000）。

3. 主要影响半径 r 与主要影响角正切 $\tan\beta$

主要影响角正切 $\tan\beta$ 是走向主断面开采深度 H(m) 与主要影响半径 r(m) 的比值。以走向影响半径为例：

$$r_{外} = \frac{H_j}{\tan\delta_0} + \frac{H_s}{\tan\varphi} \qquad \text{当 } x<0 \text{ 时} \tag{3-16}$$

$$r_{内} = \frac{H}{\tan\beta} \qquad \text{当 } x>0 \text{ 时} \tag{3-17}$$

$\tan\beta$ 主要与覆岩岩性有关，不随采深变化。岩性越硬，$\tan\beta$ 越小，主要影响半径 r 就越大。松散层移动角不受煤层与基岩倾角的影响，主要与松散层的特性有关。另外，重复采动会对主要影响半径的大小产生影响，重复采动工作面 $\tan\beta$ 值大于初次开采的 $\tan\beta$ 值（谭志祥等，2011）。

4. 开采影响传播角 θ_0

开采影响传播角 θ_0(°) 表示充分采动时，倾向主断面地面最大下沉值 W_{cm}(m) 与该点水平移动值 U_{wcm}(m) 比值的反正切值：

$$\theta_0 = \arctan\left(\frac{W_{cm}}{U_{wcm}}\right) \tag{3-18}$$

其值主要与岩性、煤层倾角有关。与煤层倾角的关系为：

$$\theta_0 = 90° - k\alpha \tag{3-19}$$

式中:k 的大小与覆岩岩性有关,覆岩越坚硬 k 值越大。一般坚硬岩层 k 取 0.7~0.8,中硬岩层取 0.6~0.7,软弱岩层取 0.5~0.6。开采影响在厚松散层中是垂直向上传播的,因此,开采影响传播角度受到松散层厚度的影响,松散层厚度越大,开采影响传播角越大(余华中等,2003)。

5. 拐点偏移距 S

充分采动情况下,取移动盆地主断面上下沉值为 $0.5W_{cm}$、最大倾斜和曲率为 0 的 3 个点的 x 坐标的平均值 x_0 为拐点坐标,将 x_0 向煤层投影,投影点至采空区边界的距离为拐点偏移距(国家煤炭工业局,2000),也就是概率积分法的计算边界和开采边界之间的距离。其产生的原因是采空区边界附近的覆岩受煤柱的支撑,起到了"悬臂梁"的作用。拐点偏移距的大小主要受开采深度、采动程度、顶板控制方法及岩性的影响(张连杰等,2011)。

6. 采动程度系数 C_{xm}、C_{ym}

求取采动程度系数,需先求下沉剖面的最大值。由式(3-20)得到倾向主断面方向达到最大沉陷值时所对应的坐标 y_m(何国清等,1991):

$$y_m = \left(\frac{D_1}{2} - S_1\right)\frac{\sin(\theta_0 + \alpha)}{\sin\theta_0} \quad (3-20)$$

式中:$D_1 = 129$m,其余变量如上所述,得 $y_m = 42.5$m,计算可得 $W^0(y_m) = 3323$mm。由充分采动情况下地面最大沉陷值 $W_0 = 8184$mm,得出倾向方向煤层采动系数 $C_{ym} = 0.41$。

走向有限开采时,最大沉陷点坐标在 $l/2$,走向主断面模型中计算 $W^0(l/2) = 8154$mm,则 $C_{xm} \approx 1.0$。

预测研究所选取的参数是基于最小二乘原理对研究区附近的鲍店 1308 观测站的数据进行拟合得到的,具体参数如表 3-4 所示。

五、研究区地面塌陷分布规律预测与分析

基于修正的概率积分法双层模型,根据实测数据拟合的模型参数,对工作面走向、倾向主断面及任意点的移动变形情况进行了预测。下面就预测结果进行分析。

(一)建立坐标系

工作面走向和倾向均为有限开采,倾向主断面位于工作面走向计算长度的中间,根据倾向的拐点偏移距 S_1 和开采影响传播角 θ_0,确定倾向主断面 CD 的原点 O_1;走向主断面与 O_1 的距离为 y_m,根据走向的拐点偏移距 S_3,确定走向主断面 AB 的原点 O_3,则倾向和走向主断面 AB、CD 如图 3-29 所示。过点 O_3、O_1 分别作主断面的垂线,相交于 O 点,即建立塌陷区地表的 xOy 直角坐标系。

(二)主断面移动变形分析

基于修正的预测模型式(3-1)、式(3-2)得到工作面 534E 开采后走向及倾向主断面上各点的下沉、倾斜、曲率、地表移动、地面变形等值,并分别绘制了沉陷变形预测曲线。

1. 下沉分析

如图 3-30 所示,在走向主断面上,从移动盆地边缘的 C 点开始,下沉值逐渐增大,到 M 点达到最大下沉值 3 331mm。由于走向采动系数达到 1,在 M 点附近出现一段平底,略显盆

形;在倾向主断面上(图3-31),从 A 点至 B 点,下沉值逐渐增至最大值,又逐渐减小到零,由于倾向远未达到充分采动,地表移动盆地呈尖底。走向和倾向的沉陷曲线基本关于沉陷中心对称。

表3-4 概率积分法预测模型参数

参数名称		符号	选用值	单位	备注
工作面尺寸	走向	D_3	526	m	实测参数
	倾向	D_1	129	m	实测参数
煤层开采厚度		M	8.80	m	实测参数
煤层倾角		α	4	°	实测参数
沉陷系数		q	0.93		实测参数
水平移动系数		b	0.34		实测参数
开采影响传播角		θ_0	87	°	经验参数
主要影响角正切		$\tan\beta$	2.53		实测参数
松散层移动角		φ	45	°	实测参数
最大下沉角		θ	86	°	实测参数
充分采动角	走向	ψ_3	44.2	°	实测参数
	下山	ψ_1	49.2	°	实测参数
	上山	ψ_2	59.6	°	实测参数
边界角	走向	δ_0	68	°	实测参数
	下山	β_0	65	°	实测参数
	上山	γ_0	70	°	实测参数
影响半径	走向	r	212.6	m	实测参数
	下山	r_1	217.3	m	实测参数
	上山	r_2	208.2	m	实测参数
拐点偏移距	下山	S_1	22	m	实测参数
	上山	S_2	20	m	实测参数
	走向左	S_3	21.6	m	实测参数
	走向右	S_4	25.4	m	实测参数
采动系数	倾向	C_{ym}	0.41		经验参数
	走向	C_{xm}	1.0		经验参数

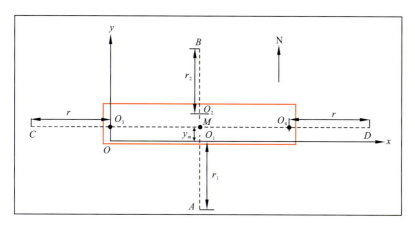

图 3-29 主断面位置及坐标系布置图

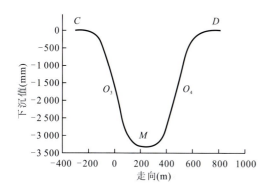

图 3-30 走向主断面下沉值预测曲线

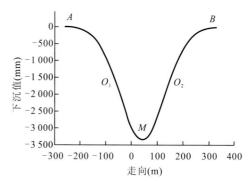

图 3-31 倾向主断面下沉值预测曲线

2. 倾斜分析

图 3-32 中,倾向主断面上从 A 点至拐点 O_1,倾斜值从 0 逐渐增大到最大值 22.3 mm/m;在上山方向拐点 O_2,倾斜值达到负的最大值 -22.7 mm/m(指向上山方向为正),最大下沉点 M 处的倾斜值为 0。煤层倾角的影响使得上山边界倾斜值的绝对值略大于下山边界的倾斜值,当煤层倾角增大,对比会更加明显。

3. 曲率分析

从曲率预测曲线(图 3-33)中可以看出,在边界点 A、B 及拐点 O_1、O_2 处曲率为 0,即曲线的弯曲程度最小。弯曲程度最大点分别在边界点和拐点、拐点和最大下沉点之间。

4. 水平移动分析

在水平移动预测曲线上(图 3-34),从下山边界点 A 到拐点水平移动值渐增,最大值为 1 791 mm,拐点至最大下沉点 M 间水平移动逐渐减小至零。在上山拐点 O_2,达到负的最大水平移动值 $-1 467$ mm(指向上山方向为正),煤层倾角的存在使得下山方向水平移动值大于上山方向。所有点的水平移动均指向沉陷中心点。

研究区基本属于缓倾煤层,双层模型中上部松散层的移动形式与基岩在整体上是基本一

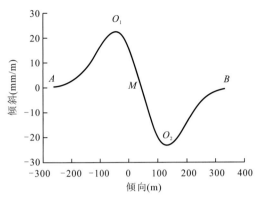

图 3-32 倾向主断面倾斜预测曲线

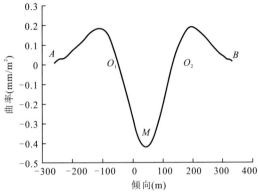

图 3-33 倾向主断面曲率预测曲线

致的,但由于有岩层倾角的影响,二者的运动形式略有差异。如图 3-35 所示,基岩的移动 $S_{基岩}$ 指向煤层法向,所以,水平移动 S_H 全部指向上山方向;松散层的水平移动 $S_{松下}$、$S_{松上}$ 指向沉陷中心。由于基岩与松散层之间的摩擦作用,基岩带动松散层产生了指向煤层上山的水平移动。在下山方向,基岩和松散层水平移动的方向一致,地面点的水平移动值为两者叠加;在上山方向,二者水平移动方向相反,地面点的水平移动值为二者之差,所以出现了下山的水平移动值大于上山的现象。这种影响会随着煤层倾角增大而增大,松散层厚度增大而减小。

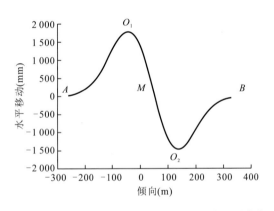

图 3-34 倾向主断面水平移动预测曲线

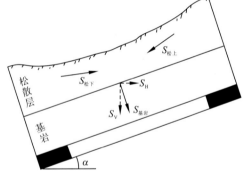

图 3-35 水平移动示意图

如图 3-36 所示,图中实线为下沉的绝对值曲线,虚线为水平移动的绝对值曲线,对比下沉与水平移动的数值大小可以得知,在移动盆地的边缘,出现长距离的缓下沉区域,在这个区域里水平移动值大于下沉值,使得地表水平移动的范围大于地面塌陷的范围。这给沉陷盆地边缘对水平移动敏感的构筑物造成了较大的威胁。

5. 水平变形分析

图 3-37 中,从下山边界点 A 至拐点 O_1,水平变形大于 0,也是前述应力分析中的正曲率区双向拉应力区,地表呈拉伸状态,是地面容易产生拉裂缝的区域;从拐点至最大下沉点,水平变形小于 0,即前述的双向压应力区,地表呈压缩状态,先前出现的拉张裂缝会有不同程度的闭合现象。下山方向的最大水平变形大于上山方向,拉伸破坏情况更加严重。

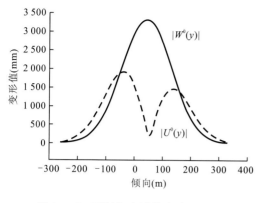

图 3-36 下沉与水平移动对比图

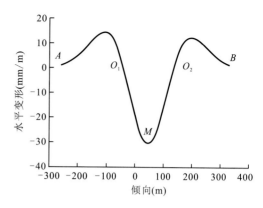

图 3-37 倾向主断面水平变形预测曲线

(三)地表移动变形分析

运用修正的模型式(3-3),得到采区内任一点的沉陷值 $W(x,y)$。依据《建筑物、水体、铁路及主要井巷煤柱留设与压煤开采规程》以沉陷值 10mm 的点作为沉陷盆地边界点,利用预测结果绘制开采区下沉等值线图(图 3-38)和三维效果图(图 3-39)。

根据关键层理论,研究区沉陷变形中起控制作用的是煤层上覆的砂岩层,松散层的松散特性使它相当于加载在砂岩层上的荷载。由于该区砂岩层厚度较薄,抗变形能力较弱,在上覆巨厚松散层的巨大压力和自重作用下,容易发生移动变形和断裂沉陷。相比于基岩,松散层的密度低,相对较为软化,并且没有明显的分层,下沉时不出现层离裂缝,呈整体性下沉状态;同时,松散层包括多层含水层与隔水层,下沉过程中大部分松散层位于前述的双向压应力区,在压应力和导水裂隙以及抽水等因素的综合影响下,松散层失水,超静孔隙水压力消散,有效应力增加造成黏土层压缩固结,使得下沉系数和下沉量较大。

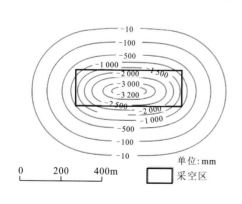

图 3-38 地面下沉预测等值线图

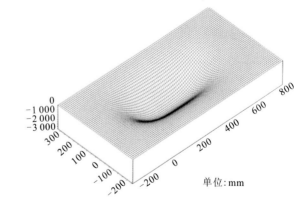

图 3-39 地面下沉预测三维效果图

基岩的沉降量是煤层采空引起围岩失稳垮落造成的,同时伴有一定的碎胀性和剪胀性,所以,从采空区至基岩上表面,最大下沉值会呈现减小的趋势。松散层中某点的变形量包括基岩下沉引起的土体塌陷、应力集中造成的剪胀变形和剪缩变形、含水层失水造成的黏土层主固结沉降以及土体内附加应力产生的次固结沉降,剪胀变形与其他变形之和相比很微小,所以,整体上从基岩上表面至松散层表面最大下沉值呈增大的趋势,局部会因为剪胀作用有减小趋势。

由于煤层上覆巨厚松散层的边界角和移动角较小,导致影响半径较大;同时因松散层具有流变性,水平移动系数较大,在下沉的同时又以向盆地中心流动的形式填充基岩下沉造成的空间,使得地表移动盆地边缘收敛缓慢,远超采空区的范围,而且这也是大部分沉降量相对集中在采空区上方附近的原因(图3-38)。

(四)充分采动与非充分采动

充分采动,是指地面下沉值达到了该地质采矿条件下应有的最大值,随着采空区范围的扩大,地表移动盆地的范围增大,但地面最大沉陷值不再增大;非充分采动是指采空区尺寸小于该地质采矿条件下应有的最大值,随着采空区的扩大,地面下沉值增加。工作面在一个方向达到临界尺寸而另一个方向未达到时,也属于非充分采动。上述开采情况,就是属于这种非充分采动情况。

采空区达到充分采动状态时的临界长度可按照下式计算:

$$
\begin{aligned}
D_{01} &= \frac{\sin(\theta+\alpha)\sin(\psi_1+\psi_2)}{\sin\theta\sin\psi_1\sin\psi_2} \\
D_{02} &= \frac{2H}{\tan\psi_3}
\end{aligned}
\tag{3-21}
$$

式中:D_{01}、D_{02} 分别为地表达到充分采动时采空区倾向和走向的临界长度(m);H 为采深(m);θ 为最大下沉角(°);ψ_1、ψ_2、ψ_3 分别为下山边界、上山边界和走向边界的充分采动角(°);α 为煤层倾角(°)(图3-40)。

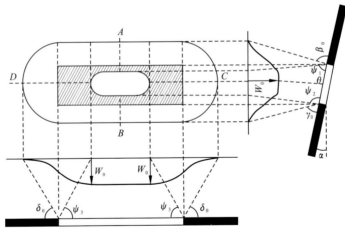

图3-40 地面变形区示意图

根据表3-4中的参数,通过计算可得,临界尺寸 $D_{01}=1.46H$、$D_{02}=2.06H$,即等于该尺寸时地表达到充分采动状态,大于该尺寸时地表呈超充分采动状态。横河煤矿534E工作面在其下山和上山方向的工作面采空之后,采空区尺寸超过临界值,工作面上方地表达到超充分采动状态。

通过充分采动角划分充分采动区和非充分采动区,图3-40中阴影部分的外轮廓线为采空区边界,内部的空白区域为充分采动区(也称中间区),阴影区域为内边缘区,阴影区外、沉陷边界以内为外边缘区,内边缘区和外边缘区都属于非充分采动区。

(1)中间区(也称充分采动区)在采空区的正上方,地面均匀下沉,地面平坦,基本不出现裂缝,沉降值已达到地质和采矿因素影响下的最大下沉值,并且不会随着采空区的扩大而变化,已破坏或者未破坏的上覆地层也不会再变形,地面变形终止,呈稳定状态。

(2)内边缘区在采空区内侧、中间区外侧的上方,地面不均匀下沉,是沉陷盆地的主要倾斜区,基本不出现明显的裂缝。

(3)外边缘区位于采空区外侧煤柱的上方,地面不均匀下沉,倾斜指向盆地中心,常出现拉张地裂缝。按"三下"采煤规程(《建筑物、水体、铁路及主要井巷煤柱留设与压煤开采规程》),以地面下沉 10mm 为标准来圈定沉陷盆地的外边界。

非充分采动区主要发生在冒落堆积体和断裂带之间存在空腔的情况下,这种情况主要出现在采空区边缘区域。边缘区域的上覆关键层中岩块呈铰接状态,能够承载上覆岩层自重和附加应力,上覆岩层的形变可以暂时停止。此后随着采空区的进一步扩大或受震动影响,移动变形还会继续发生,直到达到充分采动状态为止。

第四章 山东邹城太平采煤塌陷区生态地质环境综合治理技术

第一节 研究区地质环境概况

一、地理位置

邹城太平采煤塌陷区位于山东省邹城市境内太平镇北部,地处东经 $116°47'31''$—$116°51'19''$,北纬 $35°23'15''$—$35°26'11''$。北临兖州市王因镇,西与济宁市接庄镇隔泗河相望,南连邹城市郭里镇,东接邹城市北宿镇、中心店镇。研究区交通位置如图 4-1 所示。

周边交通运输条件十分便利,东侧有京沪铁路、京福高速公路和 G104 国道;北侧有兖石铁路和日东高速公路;西有兖新铁路、G327 国道;南有新济邹路东西连接济宁市和邹城市。此外,境内泗河往南注入中国北方最大的淡水湖——微山湖,白马河与京杭大运河相接,水上运输可直达江南苏、沪、皖、浙一带,形成了由铁路、公路、内河组成的四通八达的交通网。

二、地形地貌

研究区地处兖州煤田西南端,地势平坦,东北高西南低,地面标高为 $39.97\sim44.75\mathrm{m}$。区域地貌类型属冲积平原,主要沉积物为中粗砂、细砂、粉土及黏性土。

三、气象水文

研究区属暖温带半湿润大陆性季风气候区,四季分明,降水集中,雨热同步。年平均气温 $14.1℃$,7 月温度最高,平均气温为 $27.1℃$,1 月温度最低,平均为 $-11.1℃$。区内蒸发量年内变化较大,年际变化较小。

夏季西太平洋低纬度带暖湿气团的经过,带来大量水汽,副热带高压经常处于北纬 $35°$ 附近,冷暖气团经常在黄淮地区上空交锋,因此降水较多。区内多年平均降水量 $771.1\mathrm{mm}$,最大年降水量为 $1263.8\mathrm{mm}$(1958 年),最小年降水量为 $268.5\mathrm{mm}$(1988 年),年内降水多集中在汛期的 6—9 月份。汛期降雨主要为低涡形成的气旋雨、锋面雨和台风雨。

区域内水系属淮河流域,河流主要有泗河、白马河及其支流,绝大部分属季节性河流,汛期有水,冬季干涸,源短流急,含沙量大。泗河发源于泰沂山区,流经泗水、曲阜、兖州、邹城和任城等县(市、区),最终流入微山湖。在区内泗河由北向南流过,区内段长约 $4362\mathrm{m}$,仅在洪水季节有短期径流。白马河发源于邹城北部山区,全长 $60\mathrm{km}$,在区内自北向南注入微山湖,长约 $1767\mathrm{m}$,常年有水且可以通航。境内水资源主要由地表水和地下水两部分组成。地表水主要是季节性降水,年均降水总量为 $1.234\times10^9\mathrm{m}^3$,平均地下水天然补给量 $2.21\times10^8\mathrm{m}^3$。

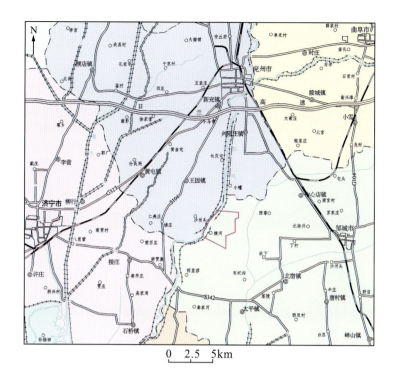

图 4-1　邹城太平采煤区交通位置图

四、地层岩性

研究区基岩全部被第四系覆盖，井田属华北型含煤岩系。本区地层自上而下分别为第四系（Q）、侏罗系（J）、二叠系（P）、石炭系（C）和奥陶系（O）。

1. 第四系（Q）

第四系覆盖全区，上部为棕黄色黏土、砂质黏土及砾石层，含钙质、铁锰质结核；下部为灰绿色黏土、砂质黏土及含黏土石英长石砂砾层互层。

2. 侏罗系（J）

侏罗系上部为灰绿色粉细粒砂岩互层夹泥岩；下部为红色砂岩，并有燕山晚期岩浆岩侵入，底部为砾岩。

3. 二叠系（P）

二叠系从上到下分为上石盒子组、下石盒子组、山西组：上石盒子组为杂色泥岩、粉砂岩和灰色粉砂岩，产植物化石，底部含 B 层铝土岩；下石盒子组为灰绿色砂岩和杂色泥岩、粉砂岩，富产植物化石；山西组为浅灰色、灰白色中、细粒砂岩及深灰色粉砂岩、泥岩，含 1～2 层厚煤层，富产植物化石。

4. 石炭系（C）

石炭系由上到下为本溪组与太原组：本溪组以灰色石灰岩为主，夹杂色铝质泥岩、紫色铁质及铝土岩。与奥陶系石灰岩呈假整合接触。太原组主要为灰色—灰黑色砂岩、泥质岩，铝质泥岩、灰绿色、灰白色细砂岩。含煤 8~20 层以及不稳定薄煤层 2~3 层，为本区主要含煤地层之一。

5. 奥陶系(O)

奥陶系由上到下为马家沟组与三山子组；马家沟组主要为浅海相中厚层灰岩、豹皮灰岩夹泥灰岩、白云质灰岩；三山子组主要为浅海相灰岩、豹皮灰岩、泥灰岩、白云质灰岩、白云岩燧石结核。

五、地质构造

1. 区域地质构造

兖州煤田位于鲁西南断块凹陷区东侧，为一轴向北东，向东倾伏的不完整向斜，地层产状平缓，倾角 5°~15°，次一级宽缓短轴状褶曲发育，轴向北东—北东东。区域地质构造略图如图 4-2 所示。

2. 研究区地质构造

研究区地质构造与区域性构造特征一致，褶曲以一组轴向北东东向次级宽缓褶曲为主，伴有少量断层，构造复杂程度中等。

1) 褶皱

研究区内次一级褶皱较发育，褶皱幅度、轴向、宽度见表 4-1。

表 4-1 邹城太平采煤区区域褶皱一览表

褶皱名称	幅度(m)	轴向(°)	宽度(m)	主要特征
兖州向斜	50~80	75~80	2 400	西端被马家楼断层组切割，在深部有小型隆起，其范围仅 600m
鲍家厂背斜	80	55	400	北翼被大马厂断层切割。翼部发育次一级的褶曲
小南湖向斜	50	65	1 000	至深部逐渐消失

2) 断层

在邹城市境内，断裂构造主要有北东东、北东向两组，大多属逆断层，局部可见平移断层和正断层。区内断层不太发育，已发现的断层共有 8 条，断层具体走向、倾向、落差、性质等见表 4-2。

六、水文地质条件

1. 区域水文地质条件

兖州煤田为一不完整的向斜盆地，形态为轴向北东东，向东倾伏的宽缓不对称复式向斜。由于煤田东部峄山断层的下盘(东盘)为隔水层，其余三面煤系含水层与奥陶系灰岩不对接，第四系中组全区发育，故兖州煤田为一相对独立的水文地质单元。

煤田内水文地质条件属中等类型。煤田主要含水层自上而下依次为：第四系上组孔隙含水层，第四系下组孔隙含水层，上侏罗统砂岩裂隙含水层，3 煤顶砂岩裂隙含水层，太原组灰岩岩溶裂隙含水层，本溪组灰岩岩溶裂隙含水层和奥陶系灰岩岩溶裂隙含水层。区域水文地质图和水文地质剖面图分别如图 4-3 和图 4-4 所示。

表 4-2　邹城太平采煤区区域断层一览表

序号	断层名称	产状		落差（m）	性质	控制程度
		倾向	倾角(°)			
1	皇甫断层	NWW	60	10～20	逆	基本查明
2	皇甫支三断层	NWW	60	30	逆	待证实
3	皇甫支四断层	NWW	60	25	逆	控制
4	大马厂断层	NWW	53～62	0～20	逆	查明
5	北林厂断层	SSE	25	0～10	逆	控制
6	VI-F$_{10}$	NE	40～50	0～5	逆	待证实
7	马家楼支一断层	SW	210～270	6～20	正断层	控制
8	马家楼支二断层	SW	80	15	正	基本查明

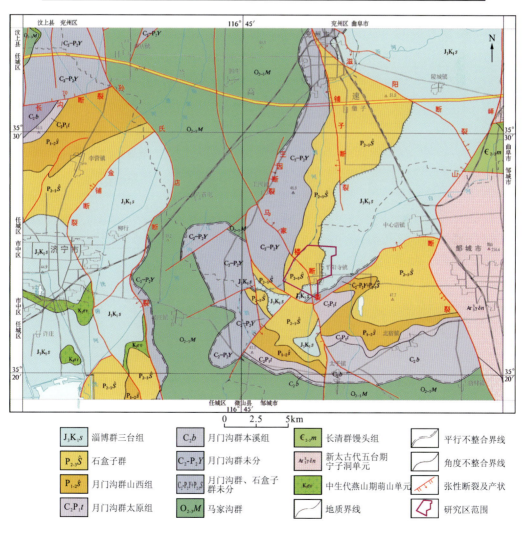

图 4-2　邹城太平采煤区区域地质构造略图

图 4-3 邹城太平采煤区区域水文地质图

2. 研究区水文地质条件

1) 含水层

研究区不是独立的水文地质单元。根据含水层岩性、地下水赋存条件和水理性质,可将工作区含水地层划分为以下几个含水岩组:第四系松散岩类含水岩组、碎屑岩类含水岩组和碳酸盐岩类含水岩组。

主要含水层有:第四系上组孔隙含水层、第四系下组孔隙含水层、上侏罗统砂岩裂隙含水层、3煤顶部砂岩裂隙含水层、太原组灰岩岩溶裂隙含水层、本溪组灰岩岩溶裂隙含水层和奥陶系灰岩岩溶裂隙含水层。

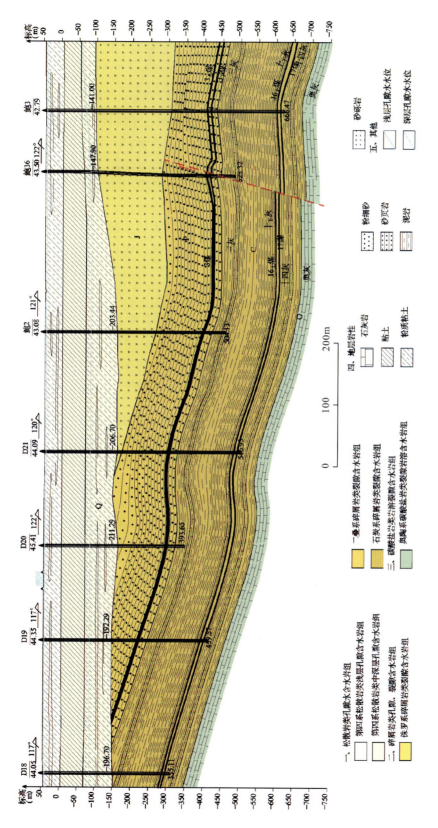

图4-4 邹城太平采煤区水文地质剖面图

2)隔水层

各含水层之间的隔水层为黏土、粉砂岩、铝质泥岩和泥岩等。主要隔水层组有以下4组：第四系中组隔水层组、太原组泥岩铝质泥岩隔水岩组，17煤至第14灰岩层间铝质泥岩隔水岩组、第十四灰岩层奥灰间泥岩隔水岩组。

3)地下水补径排及水化学特征

地下水主要接受大气降水和地表水的入渗补给，径流受地质构造控制。

地下水主要排泄方式为人工开采排泄。采空区以上地下水主要通过巷道排水沟汇集集中排泄，采空区以下地下水受岩层的控制，顺岩层的倾伏方向径流排泄。

以往数据显示，区域地下水pH值在7.0~8.6之间，水化学类型主要为$HCO_3-Ca \cdot Na$型。

七、工程地质条件

研究区所在的邹城市地处尼山穹隆以西，属华北地台型，处于新华夏构造体系第二隆起带与第二沉降带的交界线附近，地势东高西低，北高南低。境内岩石走向近似东西向，两端变化较大，成波浪型弯曲。岩石倾角一般在3°~5°之间，无火成岩发育。

全区被第四系松散物覆盖，土体类型为多层结构中压缩性黏性土体，岩性为黏土、粉质黏土夹多层砂层组成，平均厚度170m左右，无湿陷性和胀缩性等特殊性土。对混凝土及钢筋混凝土中的钢筋均无腐蚀性，工程地质条件良好。

八、采煤塌陷区基本概况

地下煤炭资源的开采引起地面下沉，地势低洼处积水而形成湖沼，在邹城采煤塌陷区形成"湿地"。

邹城市境内由于自20世纪70年代初至90年代末煤炭资源的大面积、高强度开采，致使大片土地塌陷并积水。截至2008年底，塌陷地面积已达5 653hm^2，其中3 000hm^{2}绝产，涉及北宿镇、太平镇、唐村、中心店镇的20多个行政村。自1980年开始，邹城市加强了采煤塌陷地的治理工作，生态环境逐步得到改善，但由于煤炭产量的增加，在20世纪80—90年代塌陷区面积仍以166.7~200hm^2/a的速度剧增（孙海运，2010）。截至目前，邹城采煤区土地塌陷仍较为严重。良田沃土被淹，地裂缝纵横遍布，土地资源占用破坏严重，环境污染加剧，采煤塌陷区湿地周边耕地严重减产甚至绝收，房屋拉裂非常严重，许多房屋因破坏无法居住；输电设备、公路、铁路与河堤也受到不同程度的影响。矿山地质环境遭受极大破坏，人民群众生命财产遭受极大威胁。塌陷区情况如图4-5和图4-6所示。

采煤塌陷区形成的湿地分布大多与采煤塌陷区分布一致。自2000年以来，邹城市开展了大量采煤塌陷地治理和土地复垦工作，整个邹城市采煤塌陷区部分已经由治理项目进行了规划整治。

研究区东南侧的北宿镇在治理前由于塌陷深、面积大、积水多，矿山地质环境问题极为突出。依据因地制宜的原则政府对该区域进行了综合治理，先后建成81个鱼塘、13条环湖路，新建桥涵13座、钓鱼亭台3处；水产养殖和观光农业共同进行，做到了农、牧、渔及其他副业的协调发展。北宿镇塌陷区已成为景色优美的休闲风景区和渔业示范基地（图4-7），生态农业效果显著。位于太平镇辖区东部紧邻中心店镇的区域，经过近两年的综合治理与开发，采取了

图 4-5　塌陷区 TX1 概况（图 4-8 中标示）

图 4-6　塌陷区 TX2 概况（图 4-8 中标示）

平整土地、修建养鱼塘、湖心岛绿化及周边岸坡防护工程，于 2003 年初步建成以湖心岛为中心，集渔业效益型、高效农业型、旅游观光型、生态效益型于一体的湿地园林。2007 年该区域被济宁市林业局批准成为市级湿地公园。

图 4-7　北宿镇塌陷区治理效果图

目前，太平镇北部以西尚未治理的采煤塌陷区也将采取治理措施，主要是将毗邻泗河东岸的横河水域进行规划治理。为了消除矿山地质环境问题和各种安全隐患，改善生态环境，拟将塌陷区作为湿地加以保护。本次研究选取的区域西临泗河，南侧为新济邹路，东接平阳寺镇，北至鲍店煤矿。主要研究区为两个大型塌陷积水坑，编号为 TX1（研究区西南侧）和 TX2（研究区东北侧），范围如图 4-8 所示。

第二节　采煤塌陷区湿地岸坡植被生态修复理论与方法

一、采煤塌陷区湿地的特点

采煤塌陷区按照形成地区的地形地貌不同可分为山区采煤塌陷区、平原区采煤塌陷区、盆地采煤塌陷区等；按地质条件的差异可分为岩溶地区采煤塌陷、沉积岩区采煤塌陷、火山岩区

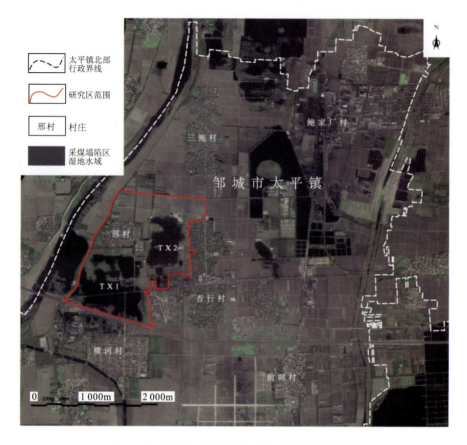

图 4-8 邹城太平采煤区生态治理范围遥感影像

采煤塌陷等。中国华北平原地区较易形成采煤塌陷区湿地。这一地区地势平坦、煤层倾角小、上覆第四系厚度大、地下水埋深小,加上日照充足、雨量充沛,气候条件适宜,对形成采煤塌陷区湿地极为有利。

目前,华北地区采煤塌陷严重,采煤塌陷区湿地分布广泛。因采煤塌陷而形成且已经加以改造利用的湿地有唐山南湖公园湿地、石家庄市清凉湾湿地公园及周边湿地、徐州市九里湖人工湿地、徐州潘安湖湿地公园、淮北东湖湿地公园和南湖湿地公园,山东省批准建立的兖州兴隆省级湿地公园、鱼台鹿洼省级湿地公园、汶上莲花湖省级湿地公园、梁山水泊省级湿地公园、邹城北宿省级湿地公园、邹城香城省级湿地公园、济宁十里营湿地公园等。

采煤塌陷区湿地的特点可以归纳如下。

1. 一般为下沉式湿地

煤炭资源一般埋藏于地下,成层分布。除少部分埋藏浅的采用露天开采外,大部分都采取地下开采,采煤塌陷区均是由于地下开采所致。因其顶板下伏岩层被掏空,应力发生变化,顶板在上覆岩层重力和自重作用下发生下沉、垮落等,使得顶板及以上岩层下陷,该处地势降低,地形发生变化,形成塌陷盆地。附近地表水和地下水在地形等作用下汇集在低洼处,形成湖沼。

2. 地下水埋深小且与地表水联系密切

形成湿地需要有丰富的水资源，只有地下水埋深小，才易于在地面高程降低后出露，洼地土壤处于饱和或接近饱和状态，才能生长相应的湿地植物。而形成一个相对稳定的湖泊或者沼泽，除了需要固定的补给来源还需要水循环，否则就是一潭死水，不利于动植物繁衍。一般采煤塌陷区湿地都与周边地表水，尤其是河流、水库等，存在着相互补给的关系。

3. 上覆土层较厚且一般有黏土层

采煤塌陷地湿地中的水多来自地表水和浅层地下水。若土层较薄，下伏岩石由于采煤塌陷极易形成裂缝和裂隙，成为水漏失的通道；而黏土层可视为隔水层，对湿地水的保持具有很大作用，这样才能维持较高的地下水位，为湿地的形成创造条件。

4. 自然岸坡坡度较小

一般煤层开采厚度有限，且顶板弯曲变形或垮落过程中，由于岩石具有碎胀性，碎裂脱落的石块堆积，顶板及上覆岩层下沉量小于开采厚度。具有最大下沉量的开采中心到未经开采扰动处有一定过渡，使得塌陷区湿地岸坡坡度小，一般都为倾向下沉中心的缓坡。

5. 一般形成于地势平坦降雨丰沛的平原地区

山区地形复杂且地势起伏，高差较大，难以形成具有一定规模的湿地。区内常年降水偏丰，地势低洼处才能够充分汇集各种外来水。

6. 生态系统不完善、自我修复能力差

采煤塌陷区湿地形成的是一个相对封闭的水域或沼泽，虽然与地表水和地下水均有一定的水力联系，但水循环条件相对较差，水体自净能力有限。加上生物群落不完善，生态系统结构相对单一且不稳定，生态系统极其脆弱，一旦遭受外来污染等破坏，很难靠自我修复来维持生态系统的结构和功能。

采煤塌陷区湿地形成的示意图如图4-9所示。

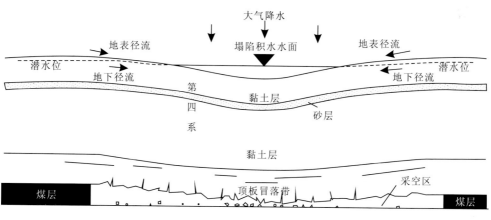

图4-9 采煤塌陷区湿地形成的示意图

二、采煤塌陷区湿地生态地质环境系统的演化

地质环境系统位于大气圈、水圈、生物圈与岩石圈相互叠置的地球浅表层,空气、水、生物、岩石和土壤是地质环境组成的基本要素。生态地质环境是从生态角度出发,用生态学的观点来研究与生态相关的地质环境的状态、成分和性质。生态地质环境系统注重的是人类生命系统与自然生态环境之间的相互关系,与地质环境系统比起来更多地考虑的是生物和与生物相关的地质条件,从更系统的层次对地质环境的关注和研究是人类认识自然、改造自然发展过程的必然。

1. 采煤塌陷区湿地生态地质环境系统的边界

采煤塌陷区湿地生态地质环境系统是一个局域地质环境系统。如图 4-10 所示,由于通常受到地下采煤扰动,可视煤层底板为下边界。水平方向上原则可确定为农田生态系统和湿地生态系统的边界,简单来说即为水生植物生长的最外沿和水文边界,如地下分水岭等。实际分析时可适当向外延伸,视具体情况而定。

边界以外的均视为系统的环境。环境对系统产生影响,并伴有能量和物质的输入输出。对于采煤塌陷区湿地生态地质环境系统,外部环境可能产生的输入输出有:营养物质、地表水和地下水向湿地生态地质环境系统的汇集和流失,人类生产生活所进行的各类工程活动、排放废弃物等。

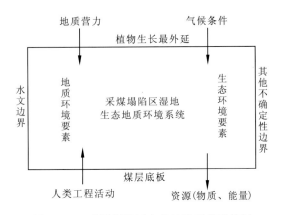

图 4-10 采煤塌陷区生态地质环境系统图

2. 采煤塌陷区湿地生态地质环境系统的组成要素

生态地质环境系统的组成要素可以概括为地质环境要素和生态环境要素。地质环境要素包括地貌、地质构造、地层、水等;生态环境要素包括土壤、水、生物资源等,它们是生态地质环境的载体,也是生态地质环境系统的主体。而人类社会经济活动影响着地质环境要素和生态环境要素的状态和演化趋势。采煤塌陷区湿地生态地质环境由区内地质环境条件、气象、水循环和人为活动等因素共同决定。

3. 采煤塌陷区湿地生态地质环境系统的结构

生态地质环境系统的结构分为空间结构和时间结构。与地质背景、人类活动等有关的实体形态、组成结构、排列配置等是空间结构的组成部分;而时间结构是各要素随时间其状态和相关关系的变化规律。

地质环境系统中地质背景的实体形态、组构的空间特征及其组分在空间的排列和配置均是空间结构的组成部分。岩石及岩石组成的地层,地层产状、层序,地层的倾斜和褶皱等展布形态,断层发育情况等都属于地质环境的空间结构,这些在地质历史时期形成的结构也称为硬结构。此外,还有易发生结构性调整、对外界作用反应敏感的软结构,包括水、大气等流体及能量的传递。

时间结构既存在于软结构中,如地下水位的变化,也存在于硬结构中,如岩土体变形。

采煤塌陷区地质环境系统结构的变化是导致地质环境系统演化的内在原因,是系统功能变化的根本原因。采煤塌陷区首先由于人为的煤炭开采导致了应力场和地层发生变化,地层这一硬结构的变化又导致软结构的变化,如地下水渗流场、水化学场、温度场和补径排关系的改变。此外,采煤塌陷区还存在地面塌陷、抽排地下水、煤矸石堆放等问题,也会导致地质环境系统结构的变化。值得注意的是,无论人为改变哪一种结构,最终都会导致另一种结构的改变。

4. 采煤塌陷区湿地生态地质环境系统演化的一般规律

在地质环境系统的演化研究中,地质环境系统的外界环境和人工子系统均作用于地质环境上,地质背景的变化是对这两方面作用的响应,因而将地质背景视为地质环境系统,人为活动和生物、大气等作用视为系统的输入,以便理顺人为活动与地质背景演化的关系(徐恒力等,2009)。生态地质环境系统的演化研究也可以将与生态有关的地质环境和生态环境视为一个系统,将人为活动、大气等的作用视为系统的输入。

1) 采煤塌陷区湿地生态地质环境系统演化的外部条件

在地质历史时期,研究区生态地质环境的变化主要是由构造运动和气候变化引起的。采煤塌陷区湿地生态地质环境系统的外部条件包括系统外部的地质体、构造应力、地表和地下水、降雨等。近现代,生态地质环境系统在外界地质营力作用下发生缓慢变化的同时,还由于人类活动的加剧,使得系统发生不可逆转的改变。

随着科学技术的发展,人类对自然资源的开发利用和对自然的改造力度逐渐增大,对生态地质环境的影响也越来越大,人类活动如地下采煤、煤矸石堆放、抽排地下水等,都可视为外部条件,可导致宏观稳定态的采煤塌陷区湿地生态地质环境系失稳。

2) 采煤塌陷区湿地生态地质环境系统演化的内在机理

系统内部具有协同作用,系统的任何输入,都是物理、化学和生物方面的全方位冲击,都能引起全方位的变化。任一状态的变化都会引起其他状态的改变,它们互为因果,具有连锁式反应。

生态地质环境系统具有自组织能力,采煤塌陷及湿地的形成就是系统内部通过协同作用进行自组织,从而对系统外部输入进行响应的结果。地下采空导致岩土体应力发生改变,上覆岩土体在自重应力作用下发生垮塌、下沉,直至达到稳定。生态地质环境系统通过内部物质和能量的再分配,使系统保持和谐、有序的宏观状态。

3) 采煤塌陷区湿地生态地质环境系统演化过程

采煤塌陷区湿地的形成,是该处生态地质环境系统对系统输入响应的结果,是生态地质环境系统演化的过程之一。系统在外部输入的作用下,通过自身响应,对外界环境产生反作用,同时实现自身演化。采煤塌陷区湿地生态地质环境系统的外部输入包括气候条件和地质营力对它的作用,地下采煤、煤矸石堆放、抽排地下水、耕种田地、人工灌溉和开挖鱼塘以及其他人类工程活动等。这些输入并非单独作用,通常是好几个因素共同作用。由于系统的响应具有滞后和延迟效应,导致系统的响应是其对多个输入的响应的叠加。采煤塌陷区湿地生态地质环境系统表现出来的现状,是对上述众多输入的综合响应。

系统时刻有来自外部的输入,外部输入具有不恒定性,导致系统的响应呈现出波动,即系统的涨落。系统响应时间序列的涨落值越大,表明系统内部振荡越剧烈,系统稳定性越差。一旦成为异常涨落,该系统将失稳,原有结构、功能和有序性将遭到破坏。采煤塌陷区湿地生态地质环境系统在外部输入的作用下也具有涨落,在地质环境问题突出、生态环境恶劣、生态系统极其脆弱的情况下,很容易成为异常涨落,导致系统失稳,为了形成新的相对稳定的状态,构建新的正常涨落而向恶化的方向演化。

邹城采煤塌陷区生态地质环境系统演化过程可分为两个阶段:邹城采煤塌陷区生态地质环境开始处于平衡状态,即相对稳定状态,此时系统处于未受干扰的全功能水平;自20世纪70年代初至90年代末的大面积开采,到目前相对有组织、有计划的开采,采煤塌陷区生态地质环境系统处于失稳阶段。在失稳过程中,当系统开始处在自组织阈值范围之内时,系统功能水平下降相对较缓慢;当失稳超过系统自组织可调节的阈值范围时,系统就会无法维持原有时空结构稳定,地质环境结构被破坏,功能快速衰退。当系统功能下降到一定程度时,系统功能的下降速度会再度放缓。值得注意的是,在小尺度上,可能部分塌陷稳定的地区通过系统的自组织,能达到暂时的稳定,如研究区内塌陷积水区域周边自然恢复的植被。但生态地质环境系统的演化是不可逆过程,经历失稳阶段的系统,不可能恢复到初始的稳定状态。因而单靠系统自身的恢复,该区域生态地质环境系统不可能达到完全的稳定,这也是该区域生态环境极其脆弱的原因。

采煤塌陷区湿地生态地质环境系统极其脆弱,若不采取地质环境修复和保护,系统在外部输入的作用下很容易向恶化的方向演化。因此,必须调整和控制人为活动的力度和方式,将地质环境系统异常涨落转变为正常涨落。调整方式主要包括系统结构改造和植被修复,同时系统功能伴随着非生物控制因素和生物控制因素两次跃迁不断被修复。系统由无序逐渐变为有序,这也就是系统的重建稳定阶段。但是地质环境系统演化是不可逆过程,经过失稳阶段的系统不可能恢复到初始的宏观状态,尽管稳定态的重建是正常涨落形式的回归,但其系统的结构和功能已明显有别于初始稳定阶段,重建后的系统是一个质变了的新系统,在这里称之为后稳定态。后稳定阶段的系统仍需要人为干预,特别是提高管理水平,以保证新系统的长期稳定(图4-11)。

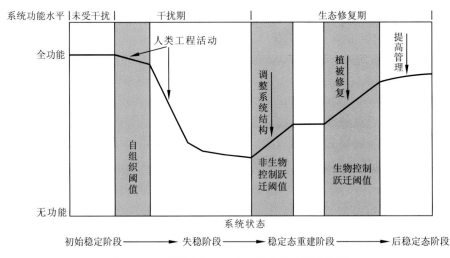

图4-11 采煤塌陷区生态地质环境系统演化图

采煤塌陷区湿地岸坡作为采煤塌陷区湿地生态地质环境系统的重要组成部分，系统的很多输入直接或间接地作用于此，且系统的响应多在此发生，因此它在采煤塌陷区湿地生态地质环境系统中扮演重要角色，对该生态地质环境系统和该处生态系统的演化方向起着决定性的作用。

三、采煤塌陷区湿地岸坡生态地质调查的理论与方法

（一）生态地质学理论基础

1. 植物根群及其"层片"结构

大多数陆生植物的根在地下分布深而广，形成庞大的根系，比地上的枝叶系统还发达。

植物靠根系来吸收土壤中的水分和养分，而真正具有吸收功能的是幼根的前端和根毛，并非体积最大的老龄主根和侧根。植物的根系分布往往是成纺锤状的，中间部分根重大、根土比高、细根数目多，因而根毛也多(Persson,1983)，大部分的水分和养分在此部位被吸收，是根的主功能区，根的这个部位被称为根群(徐恒力等,2004)。

研究植物的根群时，与单个植物的根系相比，在同一区域的同种植物根群的层片结构更能在宏观上说明问题。处于成熟期的植物，同种植物生理、生活习性近似；在相同的大生态环境背景下，其根群在地下的分布基本一致，即根群分布在大致相同的深度范围或同一土壤层次中，这一土壤层次的范围称为此植物物种的根层。群落中不同植物的根层范围不同，即其根系的主功能区分布深度不同，于是在地下呈现多层分布格局，使得不同土壤层的水、盐等被充分利用。国内外大量的研究表明，草本植物和幼苗期的乔木、灌木利用的是地境中浅层的水分和养分；而多年生的乔木和灌木利用的是地境中深层的水分和养分。此外，禾本科植物根系主功能区一般位于30cm到地表的深度范围内，灌木和乔木根系主功能区位于20~50cm深度的土层中(周爱国等,2007)。

2. 植物地境及其底界深度

植物根系所占据的地下空间，是生态系统中直接与植物相互作用的地下子系统，即植物的地境。地境不仅为植物生长提供地下空间，还提供水分、盐分等，它对植物的生长起着决定性作用。

对植物地境的研究首先要确定其范围，上部界限是地上与地下交界处——地形线；下部界限则称为植物地境的底界深度。目前，对于植物地境底界深度的研究，基本都是从植物的根系分布入手的。但是，深度的确定有两种观点：一些学者认为，应该以植物根的最大下延深度为准或依经验而定；另一种观点则认为应以根系主功能区，也即美国学者倡导的"关键带"来定。

植物地境具有耗散结构的特征，随着深度增加，受地表光热等影响减少。在中纬度地区，太阳光照的热辐射对地境的影响深度不超过1.0m(祝廷成等,1988)。另有实验表明土壤土水势的日变化底界在0.9m(刘昌明等,1999)。植物经过长期繁衍，对地境中地温、水分的变化具有适应性，因而感知和传递这种变化的根系主功能区深度不会超过1.0m。一些对土壤有机质和养分的研究表明，这些循环在地境中的有效深度为0.9m(Parton et al,1988)，而碳、氮平衡的有效深度仅为0.3m(Potter et al,1993)。相关研究表明，植物总根重和根冠的90%集中在地表到1.0m的深度范围。绝大部分植物，包括主根延伸较深的高大乔木和沙漠植物，在深度超过1.0m时根数、根重、根土比都明显下降(Gale et al,1987)。因此，在生态地质学理论中，

研究植物生态等问题时,中纬度地区植物地境底界取值宜为 1.0m(徐恒力等,2009)。

3. 生物多样性与群落演替

随着时间的进程,一个植物群落经过不断变化和发展被另一个群落代替的现象称为演替。在地质环境系统受到破坏后,其原始植物群落被破坏,单凭自然演替恢复植被的过程是极为漫长的。生态修复的构成是人为选取先锋物种逐步改善区域的生态环境。随着时间的推移,先锋物种逐步被其他物种代替,最终形成稳定的群落逐步恢复边坡生态系统的结构和功能。

生物多样性是指生命有机体及其赖以生存的生态综合体的多样化和变异性,包括遗传多样性、物种多样性、生态系统及它们生境与景观多样性。生物多样性越高,不同的生物种类就能相互影响和制约,植物群落和生态系统越稳定。在配置植物物种时,应选择相当数量的先锋物种、乡土物种和适宜栽植的新物种,保证生境的生物多样性。

4. 生态位与生态适宜性

生态位主要指在自然生态系统中一个种群在时间、空间上的位置及它们与相关种群之间的功能关系。生态位理论揭示了每种生物在生态系统中都占有一定的空间和资源。在植被重建时应充分考虑各物种在时间、空间(包括垂直空间和地下空间)和地下根系中的生态位分化,将不同物种在生态位上错开,避免由于生态位重叠导致激烈的竞争排斥而不利于植物群落发展和生态系统的稳定。如在植物配置时,将常绿植物与落叶植物,深根系植物与浅根系植物,木本、草本、藤本植物合理搭配,充分利用地质环境系统内的光、水、气、肥等资源,提高群落生产力。

生物在长期和环境协同进化的过程中,对环境产生了依赖作用,每一物种只有在一定的生态幅度范围内才能正常发育。因此,只有将适宜物种引入到适宜环境中,物种才能存活和生长。所采用的复绿工程形式和植物配置必须与研究区地质环境相适应,才能取得良好的生态恢复效果。

此外,生态系统中普遍存在物种共生现象,它分为偏利共生和互利共生两种。这里主要讨论后者。互利共生是指共生的不同物种个体间的一种互惠关系,可同时增加双方的适合度。如菌根是真菌菌丝和许多高等植物根的共生体,真菌从植物获取营养,同时也帮助植物吸收营养。在复绿植被选择中,可搭配混种豆科植物,因为豆科植物的根系与固氮菌互利共生,有助于改善土壤环境。

(二)生态地质学调查方法

1. 根群调查

调查和研究发现,在环境条件类似的地区,同种植物的根系分布是相似的,根的主功能区位置近似,即同种植物的根群的深度范围相近(徐恒力等,2009)。根群调查能初步判断植物根系吸收水分和养分的范围。

目前,根群的调查方法有开挖法、同位素示踪法、其他指标指示的简介法。常用的是开挖法,依据的是确定细根数目,根据各深度区间的细根数值由浅到深计算其累计频率。所谓细根,是指根径小于 2mm 的根。大量实践表明,细根累计频率为 20%~80% 的区间深度可视为根群所在位置(徐恒力等,2009),为根系的主功能区,这一部分的根系活动足以维持植物正常生长。

2. 植物群落结构的调查

植物群落结构是指群落中植物的种类、数量、分布格局以及植物的形态学特征。植物群落的结构可分为垂直结构和水平结构：垂直结构是植物在地上部分和地下部分分别表现出来的成层现象；水平结构是植物在水平方向的分布情况。

植被群落调查一般包括植物种类、密度、盖度、胸径、高度等有关植物群落结构的内容。先确定样地位置和大小，再将样地划分为更小的样方，自样方一角开始，按顺序经同一方向采用遍历法开始记录。对出现的每一物种，都要记录其生长状况、是否优势种、密度、盖度等。

3. 地境调查

不同物种的植物生长所需的地下条件各不相同，地境的研究能准确反映出不同植物生长过程中所需的特定地下环境。

地境调查方法一般采用剖面调查法，调查内容包括土层岩性、温度、含水量、各种营养盐含量和根系分布特征等内容，相关形状和指标的获取通过开挖样坑、分层取样、现场测试和室内化验等一系列环节完成。主要步骤如下。

1）选定样坑

在样坑内植物密集处确定样坑位置、尺寸、剖面开挖方向；有地下水埋深资料时确定开挖深度，没有资料时视具体开挖情况而定，一般开挖深度小于地下水浅水面埋深。

2）地下生境剖面调查

开挖直立剖面后，分层对剖面进行调查。

（1）岩土性质调查：初步确定剖面上每一层岩土性质及命名。

（2）土壤水分、盐分、有机质和温度的确定：在土壤剖面各层取样用以测定水分、盐分和有机质含量。取样的同时，沿原有剖面开挖新鲜剖面，用激光测温仪直接在取样处测温。取样一般采用等间隔法，间隔 10cm 左右。若某一岩性层厚不足 10cm，则缩小取样间隔，以保证岩性调查的完整性。野外调查时水分采用烘干法，现场测得湿重，回室内烘干再称其干重，从而计算出土壤中水的质量百分数。

4. 生态系统演化动态监测

植物群落和地境结构是随着时间不断变化的，特别是矿山，地质环境比较脆弱，更容易受到外界因素的影响。在生态修复治理工作开始后，要定期对生态地质环境系统进行监测，从中获取地质背景条件动态变化特征和规律的信息。这些信息是自然和人为对地质体施加作用的综合响应在时空上的表现，因此掌握信息越及时，就越能提高对后一时刻系统状态的判断精度。

监测对象包括生物和环境两部分。对生物的监测主要包含植物的种类、数量、分布格局以及植物的形态学特征，昆虫、鸟类和微生物的种类、数量和分布，重点是植物群落的演化；对环境的监测主要包含土壤中的肥分、污染物的含量和分布特征，地下水、地表水中的污染物分布特征，岩土体的稳定性状况等。

四、采煤塌陷区湿地岸坡植被生态修复理论与方法

（一）采煤塌陷区湿地岸坡植被生态修复理论

生态恢复是指修复由于人类活动引起的原生生态系统生物多样性和动态损害的过程，其内涵包括帮助恢复和管理原生生态系统的完整性的过程。发达国家追求将工矿场区等人为扰动的地区恢复到原来的状态,这对技术和管理的要求都非常高,目前仅有澳大利亚等少数几个国家可以实现。而现阶段中国的生态恢复过程更多的是将被干扰和被破坏的生境恢复到某种稳定的生产状态,营造一定的生态效果,实际将之称为修复更为确切。

根据生态学的演替理论,群落经过演替最终会达到稳定,这种稳定的群落被称为顶级群落,这个顶级群落与气候、土壤、地形等环境因子相适应。演替是指群落经过一定的发展时期由一种类型转变为另一种类型的顺序变化过程,或者说是在一定区域内群落的替代过程。从裸地演替成为顶级群落,需要很长时间,但是如果采取人工措施,营造组成顶级群落各优势物种所需的各种条件,就能大大缩短演替时间,使群落尽快达到稳定。在各优势物种所需的条件中,改造土壤和水分条件是最重要的(李树华,2005)。人为活动可以调控群落演替,或加速演替时间,或改变演替方向。一些塌陷地复垦实质上就是在人为干预下进行群落演替的过程,因此必须了解群落演替的机理,遵从自然界群落演替的规律并进行人为干预。如在矸石充填塌陷坑复土造田模式中,按照演替进程,首先选取耐贫瘠、速生的牧草以改良土壤,恢复地力,种植苏丹草、沙打旺、铁扫帚、红豆草等;进而采取豆科作物(大豆、绿豆)与蔬菜、杂粮轮作或间作方式,达到种地、养地相结合;根据土壤元素组成及肥力状况,辅之一定的水、肥措施,培肥土壤,并选择种植紫穗槐、洋槐、臭椿、泡桐等耐受性较强的树种(阎允庭等,2000)。

采煤塌陷区湿地生态恢复实际上就是湿地植被的恢复,要使湿地生态系统具有结构功能多样化的植物群落,最根本也是最重要的是实现植被种类的多样化、层次化。要植物种类繁多,就需要营造适合多种植物生长的环境条件。其中,可以人为改造、对植物生长起决定性作用的就是地境,营造合适的地境是植物生长、繁衍的基础。

此外,植物是通过根系与地境相互作用的,单纯针对地境的非生物研究脱离了植物根系也就没有了意义。实际分析中应该以根系"层片"现象为线索,来充分考虑与根系作用密切部位的水土条件,说明这些因素与根系的生态关系。

1. 地境再造

对于采煤塌陷区湿地生态恢复,植物的地境再造应该以水位变动为依据来划分范围,以拟种植物种所需的水土条件为准。因为纯水生植物和陆生植物以及周期性被水淹没的两生植物,生长所需的地境有所区别。在采煤塌陷区调查时,应该首先分辨该处生态系统自我修复时植被的生长情况,同时确定水位变动范围,并分析岸坡植被种类、分布和它们与水位的关系,即哪些是陆生植物,哪些是水生植物,哪些是周期性被水淹没的植物(即水土两生植物)。

对于规划的常年被水淹没的地带,主要考虑营造沉水植物和挺水植物生长所需的底泥环境和水质。沉水植物的根有的不发达或退化,植物体的各部分都可吸收水分和养料,这时水对于沉水植物就相当于地境对于陆生植物。挺水植物的根位于底泥中,大部分茎位于水中,生长于水深0~1.5m的浅水区,其地境可看作底泥和水组成的体系。

枯水位以上的岸坡,地境再造时以需要栽培的植物的实际需要为准。对于洪水位以下的岸坡,应营造适合水生植物中挺水植物和浮叶植物、湿生植物中生偏湿生植物生长的地境。不过,很多植物生长所需的水土条件类似,在满足功能等其他前提下,尽可能选择所需地境相似的植物可以减少地境再造的成本。

2. 根系研究

研究根群是为了确定植物根的主功能区。对于旱生植物、湿生植物和中生植物,仍然是细根最为集中的范围,但是水生植物特别是沉水植物,有些物种根不发达或者已经退化,有些浮游植物甚至没有固定的根系,无法查明主功能区的分布。考虑到沉水植物大多数植物体各部分都可吸收水分和养料,主功能区的概念在它面前已经没有太大意义。

对于陆生植物和周期性被淹没地带的水生植物仍可采用开挖法确定其根群位置。值得注意的是,陆生植物根系的活动需要有氧环境,而越靠近潜水面土壤越饱和,含氧量越少,因此陆生植物越靠近潜水面根的数量越少,但有些水陆两生的植物例外。

对于水生植物,研究根系比较困难。在实际生态恢复过程中,研究根系,最根本的是为了解决覆土厚度问题,对于挺水植物,即解决底泥的铺设厚度。考虑到底泥一般沿岸坡向水域中心越来越厚,可以采取调查其最小底泥厚度法。最小底泥厚度可于岸坡上最开始生长沉水植物处量测。

(二)采煤塌陷区湿地岸坡植被生态修复基本原则与主要技术方法

1. 采煤塌陷区湿地岸坡植被生态修复基本原则

(1)遵循生态系统的基本规律。
(2)遵循植物生态学、景观生态学及植物生长的相关规律。
(3)充分利用原有植物群落、种群和物种,生态系统以修复为主、重建为辅。
(4)充分利用原始地形地貌,因地制宜。
(5)岸坡生态稳定性应建立在岸坡工程稳定性的基础上,岸坡植被生态修复应以确保岸坡安全稳定为前提。
(6)经济适用。

2. 主要技术方法

采煤塌陷区湿地岸坡植被生态修复技术体系如图4-12所示。

1)水位控制技术

水位对湿地岸坡植物生长起着决定性作用,水位的变化使得岸坡植物呈现出层次结构。岸坡水位控制主要是因种植植物的需要来控制水位,地下水控制其埋深,地表水控制其水深。

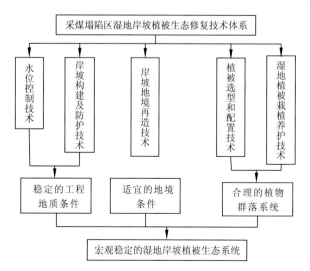

图4-12 采煤塌陷区湿地岸坡植被生态修复技术路线

但是水位与整个区域的地下水都有水力联系,因此只能通过改变地形来达到改变地下水埋深和地表水深度的目的。通常改变地形只能通过挖、填、垫等工程措施,结合其他土地平整等土石方工程进行。

2)岸坡构建及防护技术

工程稳定性良好的岸坡是岸坡植被生态修复的基础。采煤塌陷区湿地岸坡坡度一般不大,可不采取工程防护措施;在部分坡陡、水深、水急的地段,应采取挖填方并人工放坡,或直接用柔性生态挡墙护坡。

3)岸坡地境再造技术

在水位得到控制的前提下,在岸坡没有耕植土而无法种植植物的地段覆耕植土;在土壤肥力差的地段补充肥分;在土壤完全不适合植物生长的条件下,可以采取换土的措施,来达到营造适宜植物生长地境的目的。

4)湿地植被选型和配置技术

湿地岸坡植被生态修复植物物种选择极其关键。实践中要依照相关原则,选择满足各种功能要求的植物物种,遵循植物学和植物生态学的科学规律,合理配置,才能达到好的修复效果。

5)湿地植被栽植养护技术

岸坡植被种植和养护要按照园林绿化相关技术严格执行,以提高成活率,节约成本,提高湿地岸坡植被生态修复效率,达到改善采煤塌陷区生态环境的目的。

第三节 研究区湿地岸坡植被生态地质环境调查与分析

本次研究共设置调查点14个,主要位于采煤塌陷区湿地植被自然恢复程度高的岸坡。调查点分布如图4-13所示,调查主要内容见表4-3。

表4-3 调查点及调查内容一览表

调查点编号	调查内容
ST-01	芦苇为优势种时植物根群及土壤调查
ST-02	蒲草为优势种时植物根群及土壤调查、沉水植物调查
ST-03	蘸草为优势种时植物根群及土壤调查、沉水植物调查
ST-04	塌陷坑调查点
ST-05	莲藕在淤泥中的生长状况
ST-06	蘸草为优势种的植物根群特征、肥力特征以及与点ST-04作比较
ST-07	杨树生长处的根群特征
ST-08	样方调查
ST-09	适宜蘸草生长的最大地下水埋深
ST-10	样方调查
ST-11	蒲草为优势种时植物根群调查及其适宜生长的最大地下水埋深
ST-12	柳树生长处的根群特征
ST-13	适宜芦苇生长的最大地下水埋深
ST-14	样方调查

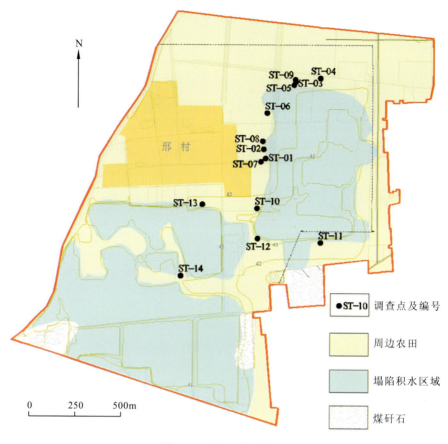

图 4-13 调查点分布图

一、研究区湿地岸坡植被调查

(一)研究区湿地岸坡植被物种调查

1. 永久性淹没带浅水区植物物种调查

塌陷积水区沉水植物有金鱼藻、轮叶狐尾藻、眼子菜、菹草、黑藻,浮水植物有浮萍、满江红,挺水植物主要为莲。

金鱼藻、轮叶狐尾藻、眼子菜主要分布在 TX1 和 TX2 靠近岸边的湖底。其中,TX1 内眼子菜、金鱼藻、轮叶狐尾藻分布较多,生长较深;TX2 相对较少,生长较浅。金鱼藻平均生长深度为 0.8m 左右,植株细而柔软,叶子只有 0.1~0.5mm 宽。眼子菜及轮叶狐尾藻的生长深度在 1.5~3m 之间,平均生长深度为 2m 左右。满江红和浮萍零星分布在塌陷坑的湖岸边及近干涸的坑塘内。莲在全区成片生长,主要分布在 TX1 的南部、西南角、西北角及东北角,TX2 的西北角、中部及南部,水深在 1.1~2.5m 之间不等,平均水深为 1.7m 左右,长势良好。总体上,从湖岸到湖心,水生植物依次是莲、金鱼藻、眼子菜。研究区常见的水生植物金鱼藻、黑藻形态如图 4-14、图 4-15 所示。

图 4-14　金鱼藻

图 4-15　黑藻

2. 周期性淹水过渡带植物物种调查

周期性淹水过渡带主要植物为蕙草、芦苇、香蒲,均为水生植物中的挺水植物。

芦苇和香蒲广泛分布在全区,主要生长在 TX1 北岸、西岸、西南角、湖中心大片区域,TX2 的北岸、西岸、南岸。另外,邢村南边进村道路的东侧坑塘内、TX2 南部坑塘内也有成片的芦苇和香蒲分布。区内芦苇高度为 0.8~3.2m 不等,生长水深多在 0~1.7m 之间,平均生长水深为 1.2m 左右。香蒲高度多为 1~2.5m 不等,生长水深多在 0.5~1.9m 之间,平均生长水深为 1.5m 左右。芦苇和香蒲均为区内的优势物种,长势较好。蕙草在区内成片分布,主要生长在 TX2 的北岸、东南角及西南角,高度为 0.3~1.6m 不等,多生长在岸边,长势较好。研究区常见的水生植物芦苇、蕙草形态如图 4-16、图 4-17 所示。

图 4-16　芦苇

图 4-17　蕙草

3. 周边旱地植物物种调查

该处在发生地面塌陷以前都是基本农田、道路和村庄,塌陷积水区域和周边岸坡部分均位于耕地内。岸坡上旱地植物有雪松、杨树,少量女贞、栾树、柳树以及人工种植的小麦。

雪松属常青乔木，分布在邢村南部进村道路两侧，胸径约12cm，冠幅3m左右，枝叶完整，生长茂密。杨树分布广泛，村中道路两侧、田间及泗河堤坝上均有分布。其中，村内杨树一部分分布在邢村东靠近TX2的东西路两侧，紧靠麦田，胸径多在15~30cm之间；另一部分位于邢村南部、TX1北边的东西路两侧，胸径多在25cm左右，生长状况良好。田间杨树零星分布，胸径多在8~12cm之间，少数为20cm左右，长势较好。泗河堤坝附近的杨树，成排分布，间距3m左右，胸径约8cm。由于堤坝多为煤矸石堆积而成，表面几乎没有土层覆盖，树木长势较差。女贞及栾树生长在邢村小学门口，仅有几棵，胸径10cm左右，生长良好。柳树分布在TX2西南角、湖岸边、麦田旁，数量4~5棵，胸径5~10cm不等，长势良好。研究区雪松和杨树形态如图4-18、图4-19所示。

图4-18 雪松和杨树

图4-19 杨树

4. 样方调查

本次调查在岸坡上针对已经长有植物的地段进行了样方调查，样方规格为2m×2m，面积4m²，高度用钢卷尺沿植物体直接从接近地表处测量到末梢。调查结果见表4-4。

表4-4 样方调查统计表

调查点	蒲草				芦苇				蔗草			
	总数（株）	密度（株/m²）	平均高度（m）	最大高度（m）	总数（株）	密度（株/m²）	平均高度（m）	最大高度（m）	总数（株）	密度（株/m²）	平均高度（m）	最大高度（m）
ST-08	68	17	2.07	3	40	10	1.79	2.7	41	10.25	0.94	1.4
ST-10	150	37.50	1.34	2.1	56	14.00	1.69	2.42	158	39.50	1.1	1.65
ST-14	95	23.75	2.2	3.2	536	134	1.66	3.18	无	—	—	—

蒲草、芦苇、蔗草是岸坡上现有的通过自身修复生长最多的植物，三者均为水生植物中的挺水植物，且大部分长势良好。

(二)研究区湿地岸坡植被根群调查

根据植物根群的"层片"结构及相关研究,相同类型、生活习性类似的植物,其根群的范围也类似。为了研究邹城采煤塌陷区湿地岸坡适宜种植的植物,对附近水生植物和中生偏湿生植物进行了根群调查。主要调查了芦苇、蒲草、蕉草、杨树和柳树。

根群调查采用样坑开挖后数细根数目,计算累计频率的方法来确定植物根群的位置深度。开挖的样坑一般宽110cm,长80cm,深度视具体情况而定。邹城地区由于地下水埋深浅,一般开挖至地下水渗出处为止,坑壁直立一面为取样和根系调查的主界面。开挖完成后,进行土层岩性鉴定、分层。在每层取新鲜挖出的土用于测含水量。进行植物根系调查计数时按粗根(根茎>10mm)、中根(根茎为2~10mm)和细根(根茎<2mm)3级划分,分别记录各网格出现的数目,死根不予统计。调查统计情况如下。

1. 水生植物

研究区湿地岸坡生长有大面积芦苇、蕉草、蒲草等水生植物。通过样坑开挖,统计细根数,主要调查点和调查内容为:ST-01芦苇为优势种时植物根群特征,ST-03蕉草为优势种时植物根群特征,ST-11蒲草为优势种时植物根群特征。计算细根累计频率,并分析其随深度的变化规律,用以确定该区域植物吸收水分、养分的主功能区。各调查点细根累计频率随深度变化如图4-20至图4-23所示。这3种水生植物为优势种的根群调查结果,大致能反映出周期性淹水过渡带水生植物中挺水植物的根群特征。

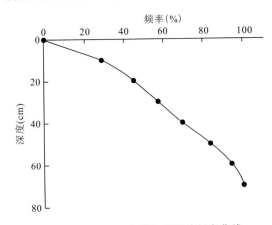
图4-20 ST-01芦苇细根累计频率曲线

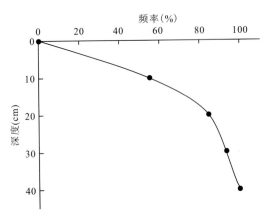
图4-21 ST-03蕉草细根累计频率曲线

由水生植物细根累计频率曲线可以看出,在蕉草和蒲草为优势种的剖面上,深度20~40cm范围内,随深度加深,细根数量显著减少。而芦苇为优势种的剖面上,深度达到50cm时细根显著减少。按细根累计频率20%~80%为根的主功能区计算,主功能区均位于50cm深度以内,大多数细根位于30cm深度以内,30cm深度可视为地境底界深度。

2. 中生偏湿生乔木

研究区内杨树、柳树数目较少,岸坡上的基本都是塌陷前道路两边的行道树。由于采煤塌陷导致部分路面下沉,原本平直的道路随采煤塌陷倾斜成为岸坡的一部分,原来的行道树也成为岸坡植被的一部分。对杨树和柳树进行了根群调查,其中对杨树的调查开挖了两个互相垂直的剖面,按调查结果绘制的细根累计频率曲线如图4-24至图4-27所示。

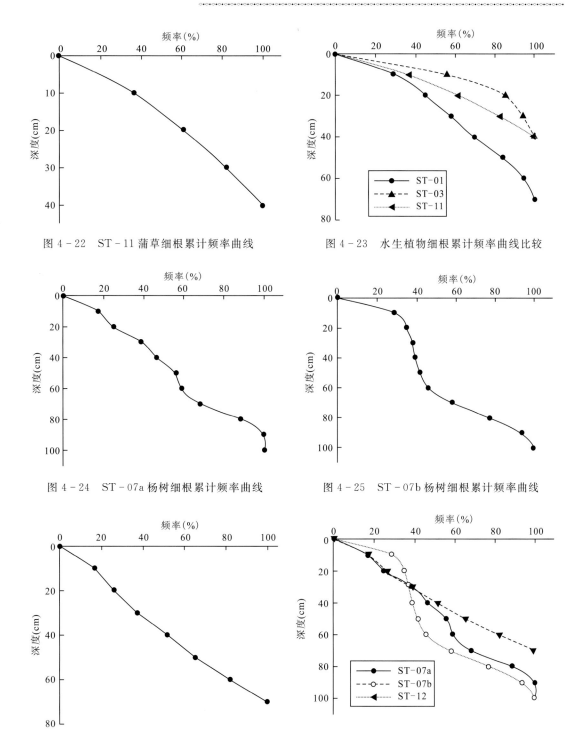

图4-22 ST-11蒲草细根累计频率曲线

图4-23 水生植物细根累计频率曲线比较

图4-24 ST-07a杨树细根累计频率曲线

图4-25 ST-07b杨树细根累计频率曲线

图4-26 ST-12柳树细根累计频率曲线

图4-27 中生偏湿生植物细根累计频率曲线比较

由图4-27可知,杨树和柳树细根数明显减少的深度范围在80~100cm,按细根累计频率20%~80%范围为主功能区。因此,杨树、柳树类湿生乔木根系主功能区位于80cm深度以内,此深度可视为该类植物的地境底界深度。

值得注意的是,细根统计时主要凭肉眼观察,不同的人统计出来的值可能不同。实际操作要严格按照根的3级划分标准,统计粗、中、细根的数目。

二、研究区湿地岸坡土壤及其肥力调查分析

在采煤塌陷区沉陷盆地形成的过程中,会在耕地当中产生坡地、积水、裂缝等,因而研究区内岸坡大部分为沉降倾斜的耕地。在人为因素、岩土体内部结构变化、外部风和降雨等因素的综合作用下,岸坡土壤会产生破坏、推移、沉积等侵蚀现象,加速地表水土流失,导致土壤退化、质量下降,不利于岸坡上植被生长的同时,还对积水区域的湿地结构和水质造成了威胁。前人曾经对兖州矿区兴隆庄煤矿塌陷耕地的不同下沉位置,不同土层土壤的物理、化学特性进行了监测和分析。研究表明:开采沉陷加速耕地土壤的侵蚀和水土流失,从而显著影响耕地土壤的物理、化学特性;塌陷耕地上中坡表层土壤有砂质化的趋势,而下坡和坡底则积聚了上中坡侵蚀下移的有机质和养分含量高的土壤细颗粒物质,并且坡底土壤有盐渍化的趋势(陈龙乾等,1999;幸宏伟等,2012)。

为了查明研究区采煤塌陷区湿地岸坡植物地境的肥力,本次研究结合生态地质学调查方法,在对植物根群进行调查的同时,对岸坡土壤和底泥进行了取样研究。

植被修复中乔木的栽种通常采用开挖种植穴的方式。研究区湿地乔木少,分布零散,代表乔木生长处的土壤肥力的土样不易采集。此外,研究区周期性淹水过渡带面积大,为植被修复的重点区域。此次测试仅以ST-01芦苇为优势种处样坑剖面土壤为代表,并分析研究区湿地岸坡周期性淹水过渡带处土壤的肥力状况。

(一)土壤类型

该剖面处共开挖到70cm处,岩性均为褐色亚黏土,70cm深度以上含砂量明显增加,有地下水溢出,为亚砂土。

(二)土壤肥力

ST-01芦苇为优势种处样坑剖面土壤每10cm分一层,共开挖了7层,第8层处有地下水溢出。表征土壤肥力的指标和其他常用指标见表4-5,各指标的值与深度的关系如图4-28所示。

表4-5 土样各指标测试值

取样点及层号	绝对质量含水量(%)	pH	CEC (cmol/kg)	碱解氮 (mg/kg)	速效磷 (mg/kg)	速效钾 (mg/kg)	有机质 (g/kg)
ST-01/1	23.74	7.96	17.90	59.70	6.10	82.10	12.30
ST-01/2	21.14	8.33	17.40	61.60	5.50	73.10	9.66
ST-01/3	21.96	8.46	17.10	59.70	2.30	67.60	10.24
ST-01/4	21.97	8.23	16.30	32.70	1.30	74.90	6.04
ST-01/5	24.26	8.38	15.90	38.50	1.70	71.30	5.80
ST-01/6	24.15	8.36	17.50	35.80	0.50	73.10	4.27
ST-01/7	17.51	8.45	16.60	27.00	0.90	82.10	3.87
ST-01/8	开挖处已见水	8.31	11.40	28.50	1.30	67.60	3.91

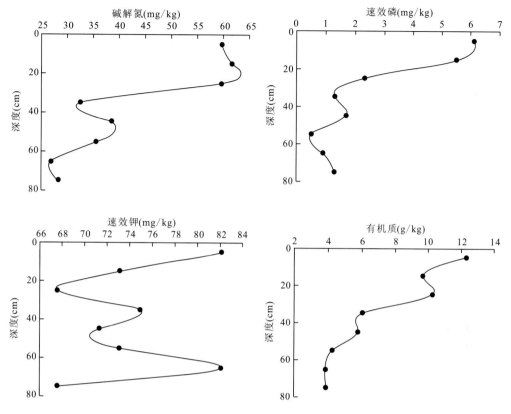

图 4-28 土壤肥力各指标随深度的变化

深度 20～40cm 范围内,除速效钾以外,其他含量均明显减少,这与根群调查中,细根在这一区间显著减少一致,说明该处土壤较适宜芦苇类水生植物中的挺水植物生长,实际植被修复中可以不覆耕植土。至于速效钾含量为何在 0～20cm 持续减少,在 70cm 深度时又增加至初始值,尚不得而知,推测可能有实验误差或其他污染。

根据《园林栽植土壤质量标准》(DBJ/T 50-044—2005),园林栽植土壤质量相关标准见表 4-6。

表 4-6 园林土壤的主要理化指标和等级

等级	有机质(g/kg)	有效氮(mg/kg)	有效磷(mg/kg)	速效钾(mg/kg)	pH	EC 值(mS/cm)	碳酸盐(g/kg)
一级 A	≥20	≥100	≥20	≥150	6.3～7.8	≤0.50	≤10
二级 B	10～20	50～100	5～20	50～150	6.0～6.3	0.50～1.20	10～20
三级 C	≤10	≤50	≤5	≤50	≥7.8 或≤6.0	≥1.20	≥20

经与园林栽植土壤相关指标对比发现,土壤有机质含量仅表层 0～10cm 和地下 20～30cm 达到了二级 B 标准,其余均为三级 C 标准。有效氮 0～30cm 深度处均达到二级 B 标准。有效磷在 0～20cm 深度达到二级 B 标准。速效钾各层均达到二级 B 标准。但是,所有样品

pH值均大于7.8,最高达8.46,土壤偏碱性。

由于与植物根群对应的主要是深度30cm及以上的土壤,通过以上分析,可以认为该处湿地岸坡土壤肥力处于中等水平,可以种植植物,但要注意施肥养护。pH值均大于7.8的原因可能是该处地下水埋深浅,土壤曾经盐碱化。可种植耐碱的植物,如栾树、月季、康乃馨、侧柏等,这些植物可以耐受pH值为7.5~8.5的碱性土壤。

(三)底泥

底泥是水生植物中部分挺水植物和全部浮叶植物、沉水植物生长的基础。在金鱼藻和眼子菜分别为优势种的地方取得底泥,经实验测定结果如表4-7所示。

表4-7 底泥样各指标测试值

样品	pH	CEC (cmol/kg)	碱解氮 (mg/kg)	速效磷 (mg/kg)	速效钾 (mg/kg)	有机质 (g/kg)
ST-02金鱼藻处	7.72	19.3	146.3	8.9	214.5	34.55
ST-03眼子菜处	7.51	13.2	69.3	6.5	65.8	13.22

这两处沉水植物长势旺盛,底泥成分符合金鱼藻和眼子菜生长要求,且调查发现生长眼子菜、金鱼藻的最大标高处底泥厚度约1cm,植被修复时沉水植物生长区域内铺设底泥可用作参考。

(四)塌陷坑水质

在两个塌陷积水区沉水植物生长处各取1个样,进行简单的常规离子分析。水样测试结果如表4-8所示。

表4-8 水样各指标测试值　　　　　(单位:mg/L)

测试项目	TX1	TX2
F	0.893 4	0.647 6
Cl^-	52.226 3	34.601 7
NO_2^-	—	—
Br	0.287 8	—
NO_3^-	12.079 6	10.392 9
SO_4^{2-}	589.796 6	119.922 9
As	0	0.000 6
Cd	0.000 2	0.000 2
Cr	0.001 8	0.000 9
Cu	0.006 8	0.005 2
Zn	1.033 5	1.014 3
Ni	0.035 9	0
Pb	0.007 3	0

根据地表水环境质量标准三类水的标准,TX1 水样的硫酸根离子超标,TX1 与 TX2 的硝酸根和锌均超标,且氯离子含量大。这说明采矿对地表水水质产生了影响,可能对植物生长有不利影响。

三、研究区湿地生态系统现状分析

(一)研究区湿地生态系统的组成成分

生态系统是由两大部分、四个基本成分组成的。两大部分是指生命系统与环境系统,即生物和非生物环境;四个基本成分是指生产者、消费者、还原者和非生物环境(金岚等,1992)。湿地生态系统(wetland ecosystem)是湿生、中生和水生植物、动物、微生物及环境要素之间密切联系、相互作用,通过物质交换、能量转换和信息传递所构成的占据一定空间、具有一定结构、执行一定功能的动态平衡整体。湿地生态系统的组成要素包括生物要素和非生物要素两大部分。非生物要素主要涉及基质(岩石、土壤)、介质(水、空气等)、气候(温度、降水、风等)、能源(太阳能及其他能源)、物质代谢原料等要素;生物要素即上述所说的生态系统的生产者、消费者和还原者(李燕红,2004)。

1. 研究区湿地生态系统的非生物组分

邹城采煤塌陷区湿地地处兖州煤田西南端的冲积平原,主要沉积物为中粗砂、细砂、粉土及黏性土。湿地周边由于采煤塌陷形成缓倾斜的岸坡,有利于地表径流汇集和促进湿地发育。地表分布第四纪松散层,部分砂层孔隙度高,是良好的储水构造。湿地范围内潜水埋深浅,主要补给来源为大气降水和河流等地表水。

邹城市区域内土壤分 4 个土类、11 个亚类、48 个土种。在全市可利用土地面积中,棕壤 $7.29\times10^4\,hm^2$,占 57.3%,分布于东部低山丘陵;褐土 $3.49\times10^4\,hm^2$,占 27.32%,分布在西南部青石山区;潮土 $1.62\times10^4\,hm^2$,占 13.7%,分布于西部冲积平原;砂姜黑土 $0.34\times10^4\,hm^2$,占 2.66%,分布在白马河沿岸两侧的背河洼地。

研究区湿地生态系统光热条件好。研究区为东亚大陆性季风气候区,四季分明,降水集中,雨热同步,冷热季和干湿季区别明显。全市年平均太阳辐射总热量 $504.76\,kJ/cm^2$;年日照时数为 2 151~2 596h,平均占可照时数的 55%;年平均气温为 14.1℃,日平均气温稳定超过 0℃农耕期 297d,其间大于 0℃的积温为 5 217℃;日平均气温大于等于 10℃的活动积温为 4 697℃,持续 217d。全年无霜期平均为 202d,平均初霜日在 10 月 28 日,平均终霜日在 4 月 8 日。年平均降水量为 777.1mm,主要集中在 6、7、8 月份。年最大降水量为 1 225.5mm,年最小降水量为 434.4mm,年际之间和年内各季节的降水极不平衡。历年平均相对湿度 64%。

2. 研究区湿地生态系统的生物组分

植物是湿地生态系统的生产者,他们利用水和营养物质进行同化作用,积累生物量。邹城采煤塌陷区湿地的植物,从水生植物到中生偏湿生植物,都是该生态系统的生产者。经调查,主要的植物有莲藕、芦苇、蒲草、眼子菜、藻类、杨树、柳树、臭椿、雪松等。除了这些,生产者还包括浮游植物和一些肉眼观察不到的浮游微生物。食草和食肉的动物,以及一些腐食和寄生生物,是生态系统的消费者。这些动物由于机动性大,统计难度较大。但资料表明,邹城市境内野生兽禽类主要有:野兔、黄鼠狼、狐狸、狼、獾、灰喜鹊、麻雀、山鸡、啄木鸟、燕子、猫头鹰等。由于该区域属淮河水系,具有淮河水系的典型鱼类,共有鱼 30 余种。其中,部分塌陷积水区养殖鱼类主要有鲢鱼、鳙鱼、草鱼、青鱼、罗非鱼、杂交鲤等。湿地中的微生物主要是各类细菌,它们对有机物进行分解,参与湿地营养物质的循环,特别对湿地的氮磷循环具有重要意义,构成湿地系统的分解者。

(二)研究区湿地生态系统结构的综合分析

邹城采煤塌陷区湿地可以视为一个湖泊生态子系统,其突出特点是其既非天然演化而来,也非纯人工改造而成。由于动物和微生物无法统计,本书对该生态系统结构的分析仅从生态系统的空间结构进行分析。

1. 水平结构

自然的湿地生态系统没有明显的边界,但是研究区内采煤塌陷区湿地生态系统由于是从农田生态系统经特殊动力演化而来,周边都是农田生态系统,两者之间的边界明显。

从塌陷积水区域沿岸坡向上,植物种类的变化明显。从水生植物的沉水植物,到挺水植物,呈现出明显分带特征。岸坡水下一定范围为金鱼藻、狐尾藻、菹草等沉水植物,浮萍等浮水植物,水稍浅处还生长有莲等浮叶植物。再往上生长有芦苇、蒲草、蘸草、水葱等挺水植物,其间夹杂一些常见的草本,如狗牙根。挺水植物之外的范围,大多为农田,一般农作物为小麦。部分地段有杨树、柳树等乔木,杨树大多分布在道路两边,柳树数量较少。

2. 垂直结构

对环境有不同需求的植物,会占据环境的不同空间,排列在空间的不同高度和土壤深度中,植物群落因为这种垂直分化而形成层次,这种群落垂直成层现象保证了植物群落能充分利用自然条件。环境条件越丰富,群落的层次越多;环境条件越差,层次越少,层次结构越简单。从植物的类型来看,研究区湿地内灌木几乎没有,乔木生长在离挺水植物很远的路边。仅在积水区域和附近,水生植物表现出了垂直分层现象。芦苇、蘸草、蒲草占优势的小群落内有一些低矮的草本,莲为优势种的小群落内有金鱼藻、浮萍等。

因此,研究区湿地生态系统的结构,不论是水平结构还是垂直结构都不完善,结构简单,物种单一,稳定性差,自我调节和修复能力差。

(三)研究区湿地生态系统面临的问题

1. 地质条件不稳定

TX1形成于1991—2006年,2006年之后该塌陷区范围内未进行过采动。塌陷区边缘的伴生地裂缝已经人工整理和填平,目前该地面塌陷已经基本稳定。但从新济邹路路面的小裂纹来看,不排除TX1有微小的残余变形。

TX2形成于2005—2012年,截至目前,该塌陷区南部已经基本稳定。塌陷区中部属于仅剩余小幅的残余变形的基本稳沉区,塌陷区北部尚未稳沉,并且井下3煤层仍有1个工作面正在进行开采,开采方式为综采放顶煤(已开采顶分层)。预测塌陷区将向西北方向进一步发展。

采煤塌陷区的工程稳定性直接影响到动植物的活动,采煤塌陷区水文地质条件和地质环境不稳定,会直接导致研究区湿地生态系统的不稳定。

2. 环境污染

研究区湿地内有2处煤矸石堆,另有生活垃圾堆至少2处,造成了部分地段水土污染。煤矸石经风化的粉尘,造成了大气污染。

3. 生态系统自身不稳定

研究区湿地生态系统结构简单,极小的外部输入就可能引起系统失衡,导致系统向恶化的方向演化,直至遭受毁灭性破坏。

经过对研究区湿地生态系统现状和面临问题的分析,研究区湿地生态系统现状不容乐观,生态系统急需改善。由于采煤塌陷区湿地岸坡是该生态系统的重要组成部分,直接或间接接收外来物质和能量,并是重要的运移通道,其非生物和生物组分对该处生态系统有着决定性作用。

第四节 研究区湿地岸坡植被生态修复技术

一、湿地岸坡植被修复原则

1. 安全和稳定原则

采煤塌陷区湿地内不像开采石灰岩等其他固体矿产资源一样留下的是高陡边坡,地面塌陷也不似岩溶地区是在岩溶发育处中间整体垮落坍塌而四周变化不大,形成湿地的采煤塌陷一般受下部采煤影响明显。邹城采煤塌陷区太平镇区域内的采煤塌陷区湿地已经形成了近20年,经判断已初步稳定,但不排除仍有微小的残余变形。岸坡的部分地段仍是裸地,水土流失严重。保证岸坡安全,防止水土流失,确保岸坡工程和生态稳定性,是岸坡植被生态恢复的首要原则。

2. 经济和适用原则

尽量减少抽排水、土石方挖运、砌筑浆砌石等工程措施,在不影响安全和恢复效果的前提下,选取合理简便的措施、易于获得的材料和适宜的植物物种。

3. 营造合适的生命环境

植被恢复之后的岸坡要确保适宜水生动植物、水陆两栖动物和陆生动植物的生长繁殖,确保适宜人类活动。

4. 与周边环境相协调

在保证安全、经济的前提下,充分利用原始地形地貌,与周边环境过渡自然、不突兀,符合区域规划和发展。新的生态系统能很好地融入周边生态系统,成为整个生态系统的一个子系统。

二、常用湿地岸坡护岸形式

岸坡植被修复首先应该确保岸坡稳定、坡面形态稳定。在此基础上,进一步利用植被来防止水土流失,达到绿化坡面并固坡的目的。以往的湿地岸坡护岸工程多采用浆砌或干砌块石、预制混凝土块体、现浇混凝土等形式,岸坡靠水一侧多修建直立式混凝土挡墙。用于湿地护岸的主要形式如表 4-9 所示。

表 4-9 湿地岸坡护岸类型列表

序号	护岸种类	描述	优点	缺点	适用条件	图片
1	木桩护岸	在岸坡成排垂直于水平面打入木桩,一般露出地面1/3左右。木桩的规格和布设要能阻止土体从桩间或桩顶滑出,满足抗剪断、抗弯、抗倾斜的要求。桩体可采用活体树桩,活体的根系能加强护坡效果	造价低,体现出生态性、景观性与亲水性,有助于微生物、水生小动物生存	木材耗费量大、长期稳定性较差	用于部分有自然景观要求的地方	
2	草皮护岸	直接在边坡绿化,或是以其为主体,兼用土工织物加固。草皮护岸包括:自然草皮护岸、土工格栅固土种植护岸、框架覆土复合型护坡、网垫植被复合型护坡、水泥生态种植基材料护岸	防止水土流失,涵养水分,调节小气候,改善周围生态环境	高陡边坡上进行种植时施工难度比较大,在施工过程中容易造成表土养分丢失下滑	坡度小于65°、水位波动不大的湿地岸坡	
3	生态砖护岸	生态砖是一种用于绿化的复合式小型构件,一般由混凝土或散体材料加工而成。铺设在岸坡上,空隙内充灌植物生长材料和种子,砖块部分材料水析后能释放出植物生长所需的缓释肥	稳定、耐冲刷、景观性强,解决了岸坡的硬化与生态化的矛盾	在水位变动饱和冻融环境下的长期耐久性有待实际使用验证	稳沉的湿地岸坡	
4	混凝土护岸	传统混凝土护岸在岸坡上喷混凝土,支模浇筑混凝土以达到保护岸坡的目的。植生型多孔混凝土在稳定坡岸的同时,表面可种植植物	传统型护岸强度高、耐冲刷、抗冻融;新型护岸则有一定透水性,利于植物生长,能净化水质、减少粉尘	传统型植生效果差,不利于人与自然和谐相处;新型尚处于研究阶段,其强度、稳定性有待考验	适用于对生态景观要求不高、水流侵蚀较严重的岸坡	
5	土工模袋护岸	由上下两层土工织物制作成大面积连续袋状材料,袋内充填混凝土或水泥砂浆,凝固后形成整体混凝土板,用于护岸	稳定性高,缓冲性好;施工工艺简单、快捷方便	景观性差,不利于生态地质环境的和谐统一	适用于坡面较为平坦,且对景观要求不高的水岸	

续表 4-9

序号	护岸种类	描述	优点	缺点	适用条件	图片
6	全系列生态护岸	仅靠植物护岸,直接栽种植物,由下至上沿岸坡栽种沉水植物、浮叶植物、挺水植物、湿生植物直至中生偏湿生植物。通过植物自身生长,根系的延伸,达到护岸目的,称为全系列生态护岸	景观性强,绿化效果好,有利于实现生态系统的稳定	强度低、耐冲刷能力差,水位波动大的地区水土流失较严重,受环境因素影响较大	适用于水位波动不大、景观性要求高的水岸	
7	三维植被网护岸	该方法是利用植物结合土工合成材料,通过合成材料上植物的生长达到固坡的目的。在岸坡表面覆盖一层土工合成材料,按特定的组合与间距种植各种植物,植物成活后可迅速覆盖坡面,在表土层形成盘根错节的根系	改良土壤结构、有利于植被生长,抗水土流失能力强	需做好优选草种工作,后期植物维护管理工作任务重	适用于砂土性水岸、植物生长困难或水土流失较为严重的坡面治理	
8	亲水景观性护岸	采用缓坡或台阶式、台阶和平台结合式,使用材料多以天然或造景材料,如木、原石、植物等自然材料为主,有时也使用一些人工材料作为辅助	体现生态型护岸的景观性,人与自然和谐相处	耐侵蚀性弱,造价较高	适用于景观、旅游、观赏要求高且水位波动不大的岸坡	
9	石笼生态挡墙	早在公元前28世纪,人们就使用柳枝、竹子编成篮子装上石块来稳固岸坡和渠道。经块石填充的石笼透水性强,整体性好,能承受一定变形。通过其间间插枝条能生长植被,改善生态环境,为动物、浮游微生物提供生存场所	抗冲刷能力强,整体性好、应用灵活、能随地基变形而变化	附近需有大量块石、碎石,不利于植物生长	可用于流速较大的水岸断面	
10	生态袋柔性护岸	以聚丙烯(PP)或者聚酯纤维(PET)为原材料制成双面熨烫针刺无纺布加工成袋子,在袋中装入客土,再将其通过链接扣、加筋格栅等连接起来,形成力学稳定的软体岸坡	韧性高、抗侵蚀力强、不易老化断裂,易于施工。可以防止岸坡坍塌和被雨水直接冲刷,又可让植物存活和生长	造价较高,稳定性一般	稳沉的湿地岸坡	

续表 4-9

序号	护岸种类	描述	优点	缺点	适用条件	图片
11	土工格栅生态护岸	用聚丙烯、聚氯乙烯等高分子聚合物经热塑或模压而成的二维网格状或具有一定高度的三维立体网格屏栅,在网格内填充腐殖土、植物种种、碎石等,还可扦插植物的活枝条	土工格栅能大大提高岸坡土体的抗剪强度,保持水土,有利于植物生长	植物生长效果一般,观赏性一般	适用于景观要求一般、土壤侵蚀较严重的岸坡	
12	土壤生物工程	土壤生物工程是土壤保持技术、地表加固技术、生物技术和工程技术的综合体。采用强生命力植物作为主要材料,利用插扦、种植等方式,按照一定的排列规律将乔灌草等不同植物(主要是枝条)设置在河流岸坡的不同位置	可构筑不同景观效果的生态坡岸,对减少水土流失、实现稳定边坡和改善栖息地生境有较好效果	抗冲蚀力弱,种植前的植物配置与选择工作要花费较多时间	适用于景观要求一般、土壤侵蚀较严重、土质松散的岸坡	

三、研究区湿地岸坡布设概况

(一)水位变幅范围和周期性淹水过渡带的确定

水文条件是维持湿地结构和功能的重要因素。在天然情况下,大部分地段并非水陆截然分开,而是有一定宽度的水陆交错带。植物对岸坡的保护效果会受到水位影响,分析水位变动和地下水埋深对合理种植不同物种和品种的植被都具有重要意义。

根据勘测资料,研究区地下水埋深多在 0～3.5m 之间,距离积水区稍远的农田有些区域超过 4m,研究区范围内最大值达 5.06m。塌陷积水区枯水位标高为 38m,结合勘测资料、治理工程和历年水位变化,设计洪水位标高 39.3m。结合地面高程点分析,目前,研究区湿地周期性淹水过渡带的分布如图 4-29 所示。

采煤塌陷区湿地岸坡包括部分永久性淹没区域、全部周期性淹水过渡区域和部分洪水位以上的旱地。由图 4-29 可知,研究区湿地岸坡面积大,以塌陷积水区为中心,沿四周分布。周期性淹水过渡带是研究区湿地植被自我恢复程度最高的区域,也是该研究区湿地岸坡植被生态修复的重点区域。在调查点 ST09 和 ST11 分别开挖了两个小坑用于观测适宜蘼草和蒲草生长的最大埋深,测量结果分别为 0.66m 和 0.61m。由此说明植物修复时,水生植物种植的最大标高不能超过枯水期时潜水位埋深以上 0.66m,不然一旦洪水期过后,随着水位下降,最外沿水生植物将开始死亡。考虑到岸坡大部分坡度较缓,可近似认为水生植物生长范围内地下水位标高与永久性淹没带水位标高近似(或栽种植物时由勘测资料获取地下水位相关数据)。由于操作及测量误差,实际操作时可取枯水位以上 0.6m 作为种植水生植物的边界。

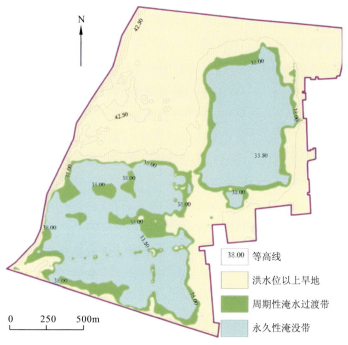

图 4-29 研究区采煤塌陷区湿地周期性淹水过渡带分布图

(二)研究区湿地岸坡的几种类型

考虑到治理工程 TX1 和 TX2 连通处及湖心岛周边的开挖、疏浚等措施,TX1 靠新济邹路一侧因筑路导致岸坡部分地段坡度较大,宜尽量保留部分坡度较缓的自然岸坡。研究区湿地岸坡主要分为 4 种类型,分布如图 4-30 所示。

A 类岸坡采取格宾和赛克格宾挡墙护岸,以确保安全。挡墙内侧为供人行走的步道,至设计道路处自然过渡。按照设计地形的标高,表土剥离后再填杂填土,然后覆耕植土。挡墙外侧为自然岸坡,由于水深小,能保证水生植物的生长。

B 类和 D 类岸坡均为填方后按合适坡度放坡,其中,B 类岸坡由设计道路处的最高标高到水下岸坡经过了两次不同角度放坡,D 类岸坡经过了 3 次不同角度的放坡。B 类和 D 类岸坡除部分放坡角度不同外,在 B 类岸坡的设计道路两侧留有部分平地。

C 类为自然岸坡,充分利用原始岸坡的倾斜地形,保证岸坡上植被呈现自然过渡。岸坡修复后,从永久性淹没带往上依次为:岸坡植被—步道—岸坡植被—设计道路。

具体形式见上述 4 类岸坡典型断面图及标注。各种类型的断面图如图 4-31 至图 4-34 所示。

四、研究区湿地岸坡植被物种选择

(一)选择原则

1. 根系发达、固坡能力强

湿地岸坡长期经受地表水冲刷和波浪侵蚀,极易造成水土流失。栽种的植物品种要根系发达,能增强岸坡稳定性,起到拦截水土、消波减浪的作用。

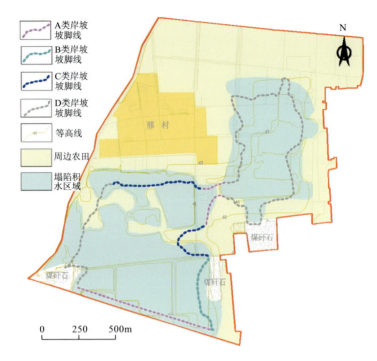

图4-30 4种岸坡分布示意图

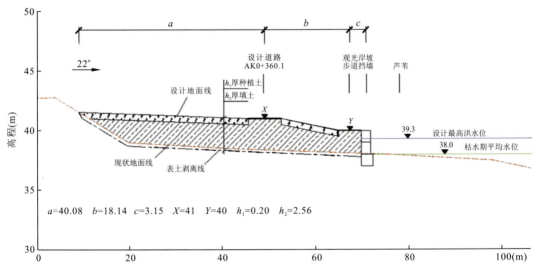

图4-31 A类岸坡典型断面图(以AK0+360.1处为例)

2. 适应能力强

研究区冬季温度低,岸坡上土壤肥力差,且水土受到一定程度污染。所选物种应该具有较强抗风、抗寒、抗贫瘠、耐污染、少病虫害等抗逆性能,且容易维护管理。

3. 生长繁殖快、植被修复见效快

叶、冠生长旺,绿化和覆盖地表快者优选;具有种间依存度好,先锋种和建群种相结合,群

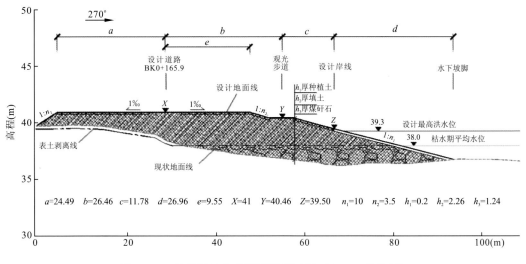

图 4-32　B类岸坡典型断面图（以BK0+165.9处为例）

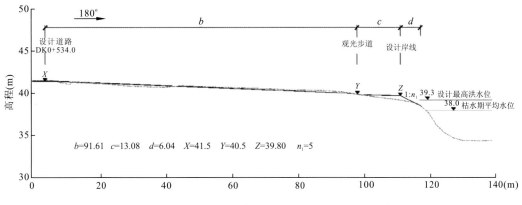

图 4-33　C类岸坡典型断面图（以DK0+534.0处为例）

落功能相辅相成者优选。

4. 本地种为主，尽量选用常绿品种

本地种对当地环境适应性好，且易于获得，既经济适用，又可防止外来物种入侵损害生态系统结构。选择常绿品种是因为易于保持景观的同时，落叶少能减少枯枝落叶对积水区水质的影响。

5. 满足其他功能要求

不同的植物有不同的功能，选择的植物物种除了护岸固岸之外，很多情况下还需要兼具其他功能。如靠近公路的行道树，要具有吸收噪音、灰尘的作用；积水区附近植被要吸收氮磷等能力强，防止营养元素向塌陷积水区富集引发水体富营养化。考虑到研究区东面已建成的湿地园林，整个区域今后可作为一个整体开发，研究区湿地植被修复物种的确定也应着重考虑景观需求，尽量选择具有美学价值的观赏植物。

（二）适宜研究区湿地生长的植物种类研究

经调查，研究区湿地除了目前天然形成的植被中生长的物种外，还适宜很多类型和品种的

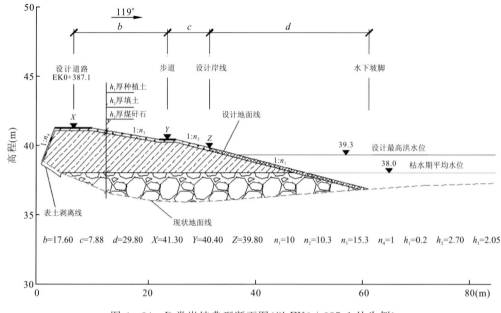

图 4-34 D 类岸坡典型断面图（以 EK0+387.1 处为例）

注：其中 AK0、BK0、DK0、EK0 均为设计道路编号。

植物生长，包括研究区内没有生长的乡土品种和适宜在该地区条件下生长的其他植物种。

邹城市属于华北生物区系，其植被属于暖湿带夏绿林带。原始植被山丘为阔叶林，平原为草甸植被，现已被人工栽培作物、林木和田间杂草所取代。优良的历史乡土树种有毛白杨、楸树、白榆、臭椿、国槐、枰柳等。灌木类以绵槐为主，杞柳、白腊次之，酸枣、金银花、葛条秧等也有分布。

区域内栽培农作物种类约 70 个，品种 200 余种。粮食作物主要有小麦、地瓜、玉米、大豆、小杂粮等；经济作物主要有花生、棉花、芝麻、麻类、烟草等；蔬菜作物主要有大白菜、土豆、生姜、大葱、萝卜、香椿芽、大蒜、辣椒等。

木本维管植物资源种类繁多，全市共有 45 个科，80 个属，120 余种。用材树以各种杂交杨、刺槐、柳树、侧柏、泡桐为主，赤松、黑松、橡子次之。果树中，大枣、山楂、苹果、梨、桃、板栗、核桃、柿子、杏等都有广泛栽植。水土维管束植物有莲藕、苇、马来眼子菜等。

草本类资源丰富，主要生长白草、黄草、秧子草、茅草等，每年可提供饲草 $4 \times 10^8 \mathrm{~kg}$。有中草药植物 100 余种，主要有金银花、皂类、木瓜、桔梗、丹参、酸枣、远志、柴胡、地丁等。

根据之前的地境结构和植物根群分析，可种植跟塌陷区湿地现有植物类似的植物品种。除了上述乡土品种，根据气候资料，如果营造合适地境，研究区湿地还可以种植很多其他植物。如可种植的乔木品种有水杉、女贞、石楠、柳树、刺槐、龙爪槐、榆树、桃树、樱花、杏树、枣树、广玉兰、红叶石楠、红叶李、雪松、银杏、白蜡、合欢、栾树、悬铃木等；草本品种有吉祥草、蝴蝶花、早熟禾、郁金香、风信子、美人蕉、马蹄金、大丽花、江西腊、万寿菊、波斯菊、大花酢浆草、大花马齿苋、薰衣草、羽叶甘蓝等；水生植物中挺水植物还可种植灯心草、风车草、茭白、鸢尾、菱、美人蕉等；对于研究区湿地缺乏的灌木，可种植的品种有迎春、檵木、苏铁、南天竹、小叶女贞、杜鹃、丁香、月季、连翘、紫荆、黄刺玫、蔷薇、紫薇、丝兰、冬青、火棘、黄栌、腊梅等。

(三)物种确定

根据植被恢复的目标,当地的气候、土壤等自然条件,现场植被调查等,在遵循以上原则的前提下,确定邹城采煤塌陷区湿地岸坡可栽种植物种类见表4-10。实际操作中,可视情况从以下品种中选择。

表4-10 邹城采煤塌陷区湿地岸坡可栽种植物种类统计

植物			水生	中生(偏湿)	中生(偏旱)
春	藤本			紫藤◆(攀爬)	金银花◇◆
	草本		鸢尾◆◆◆	吉祥草★(草坪) 蝴蝶花◆◆	早熟禾★(草坪) 郁金香◇◆◆ 风信子◆◆◇
	灌木			迎春◆ 檵木◆◇★ 苏铁★ 南天竹★ 小叶女贞★	杜鹃◆ 丁香◆◇ 月季◆◆ 连翘◆ 紫荆◆ 黄刺玫◇ 蔷薇◆◇◆ 丝兰★ 冬青★ 火棘◇★
	乔木		水杉★	女贞★ 石楠★ 柳树★ 刺槐★ 龙爪槐★	玉兰◇ 榆树◆ 桃树◆ 樱花◆ 杏树◆◇ 枣树◆ 广玉兰◇★ 红叶石楠★ 红叶李◆ 雪松★ 银杏★
夏	藤本			凌霄◆(攀爬)	金银花◇◆
	草本	挺水植物	芦苇◇ 香蒲● 薰草★ 水葱★ 风车草★ 茭白★ 灯心草★ 莲◆◆	美人蕉◆◆◆ 马蹄金★ 吉祥草◆★(草坪) 大丽花◆◆◆ 江西腊◆◆◆	万寿菊◆◆(花圃) 波斯菊◇◆◆(花圃) 大花酢浆草◆(花圃) 大花马齿苋◆(花圃) 薰衣草◆◆
		浮叶植物	睡莲◇◆◆ 菱★		
		沉水植物	眼子菜 狐尾藻 金鱼藻 黑藻 菹草		

续表 4-10

植物		水生	中生(偏湿)	中生(偏旱)
夏	灌木		珍珠梅◇ 迎春★ 苏铁★ 南天竹★ 小叶女贞★	蔷薇◆◇◆（花圃） 紫薇◆◇◇（花圃） 月季◆◇◇（花圃） 丝兰★ 冬青★ 火棘★
夏	乔木	水杉★	女贞★ 石楠◇★ 白蜡★ 杨树★ 柳树★ 刺槐★ 龙爪槐★	合欢◆ 栾树◆ 红叶石楠★ 红叶李★ 雪松★ 银杏★ 广玉兰★ 悬铃木● 杏树● 桃树● 枣树●●
秋	草本	芦苇◇ 美人蕉◆	吉祥草★（草坪） 大丽花◆◆◆◇	菊花◆◆◇◆ 万寿菊◆ 波斯菊◆◆ 大花马齿苋◆◆◇◆
秋	灌木		苏铁★ 南天竹★ 小叶女贞★	黄栌★ 丝兰◇★ 冬青★ 火棘●
秋	乔木	水杉★	女贞★ 石楠★ 刺槐★ 龙爪槐★	红叶石楠★ 红叶李★ 广玉兰★ 雪松★ 银杏★
冬	草本		吉祥草★（草坪）	羽叶甘蓝☆★★
冬	灌木		苏铁★ 南天竹★	腊梅◆ 丝兰★ 冬青★ 火棘★
冬	乔木		石楠★	红叶石楠★ 红叶李★ 广玉兰★ 雪松★

注：a. ◆表示观花植物，★表示观叶植物，●表示观果植物；颜色表示该植物花、叶或果的颜色（◇表示白色）；观叶植物按常绿、半常绿、落叶之分在 4 个季节中重复列出；既属观花又属观果的同一植物在表中分别列出。

b. 共有水生植物 16 种；中生植物 62 种（其中，藤本 3 种，草本 17 种，灌木 21 种，乔木 21 种）。

c. 综合多方面因素，且着重考虑观赏价值，表中以观赏植物为主。

五、研究区湿地岸坡植被恢复技术

(一)地境再造

根据根群和地境调查，在研究区湿地岸坡周期性淹水过渡带上种植蕉草、蒲草及类似植物。地表覆盖为褐色、黄褐色亚黏土以及原耕地耕植土的区域，可以直接种植。淹水过渡带主要分布在 TX1 西、北两侧和 TX2 西、北、南三侧的岸坡,这些地段均保留有原来耕地的耕植土层。在块石、煤矸石和砂土、亚砂土分布的地段,可覆厚度为 30cm 的耕植土。这些地段主要分布在 TX1 东、南两侧和 TX2 东侧,特别是 TX2 东侧,由于采砂导致岸坡上覆盖了较厚的砂层,且多为粗砂,持水持肥能力差。

永久性淹没带植被修复面积相对较小,主要集中在 TX2 积水区东部。此处水下也为砂质岸坡,若要生长水生植物,需要覆底泥。调查时测得的岸坡上狐尾藻、金鱼藻生长最高处底泥厚约 1cm。实际操作时,考虑到水的稀释、震荡等效果,可覆平均厚度约 5cm 的底泥,底泥的营养成分参考表 4-7。

岸坡上乔木灌木栽种时,参考园林绿化标准《园林绿化工程施工及验收规范》(CJJ 82—2012)。灌木耕植土覆土厚度可为 0.5m,而乔木一般开挖有种植穴,耕植土回填至种植穴内,视具体情况而定。

(二)植物配置方式

选用优良植物品种只是植被恢复工作的一部分,如何维持植被的覆盖度,如何建立一个能够自我调节的生态系统是相当重要的(Pichtel et al,1994)。合理的植物配置方式是建立一个稳定生态系统的基础。

物种多样性是生态系统稳定性的基础。使用多物种,营造乔、灌、草相结合的生态体系,特别是将乔、灌、草、藤多层配置相结合,进行植被恢复,建立的生态系统稳定性及可持续性均比单物种或少物种效果好。

植物的配置方式主要由功能要求、种间关系、边坡立地条件、地理位置、栽植技术及管理水平等而定。一般应达到绿化快速、景观美丽,先锋种、建群种和造景品种相结合,绿化后景观层次分明、景色秀美。植物栽种时可以混交、混种、互为带状等,在不增加施工难度的前提下,将不同物种孤植、列植、片植、群植,点、线、面相结合,且具有一定造型,如十字、矩形、品字、菱形等。

A 类断面的植物配置。A 类断面所在地段南侧为新济邹路及其绿化带,绿化带至设计岸坡顶端高差约有 1.5m,直接喷播草本植物种子即可。绿化带与设计道路之间乔、灌、草结合,设计道路两边也应成列沿路栽种行道树。设计道路至观光步道之间的岸坡,因距离较短,且设计道路两边已有乔木,宜灌木和草本结合种植。具体物种可选择表 4-10 中中生偏湿生的乔木、灌木和草本(图 4-35)。

B 类断面的植物配置。B 类断面所代表的岸坡是经填方之后采取人工放坡而形成的。坡度一般在 1/20 以下。在设计道路两侧栽种行道树,放坡 1‰ 处乔、灌、草结合种植。设计最高洪水位标高高度 20cm 处及以上,其他坡度的坡面均只种植中生偏湿生灌木和草本。设计最高洪水位标高高度 20cm 处及以下种植水生植物,按挺水植物、浮叶植物、沉水植物种植(图 4-36)。

C 类断面的植物配置。C 类断面属于自然岸坡。在设计道路和观光步道之间有大片空地,可乔、灌、草、藤多层配置。观光步道至设计岸线间宜种植中生偏湿生灌木和草本,高度以不遮挡视线为宜。水位变动带间的岸坡较陡,种植水生植物时可采取简单工程措施,如土工格栅(图 4-37)。

D 类断面的植物配置。D 类断面所在的岸坡,也为填方之后人工放坡而成。设计道路与步道之间、步道与设计岸线之间距离短,坡度中等,在已经栽种了行道树的前提下,应以灌木为

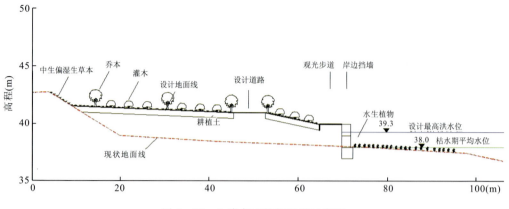

图 4-35　A 类断面植物配置示意图

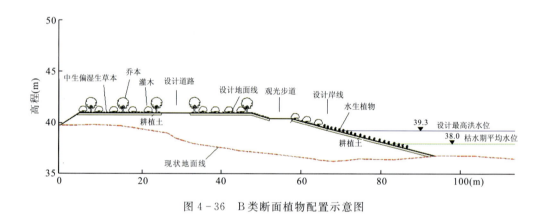

图 4-36　B 类断面植物配置示意图

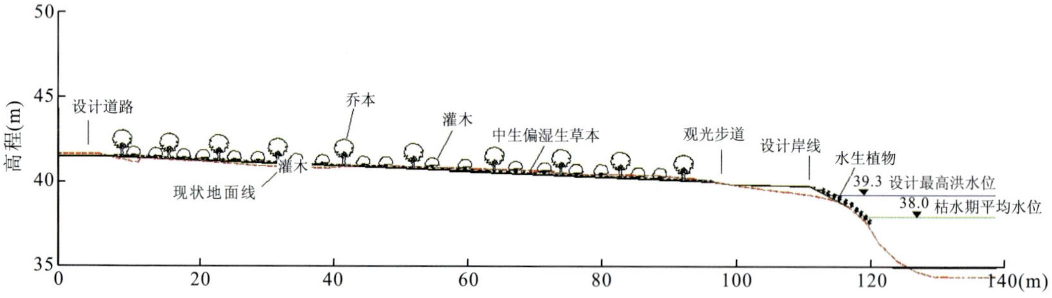

图 4-37　C 类断面植物配置示意图

主，辅以少量草本。岸坡上水生植物的配置仍按挺水植物、浮叶植物、沉水植物进行（图 4-38）。

具体栽种时物种选择见表 4-10。应该注意的是，行道树最好为柳树、水杉等，灌木植株高度应控制在 1.5m 以下，栽种莲等浮叶植物时水深不宜超过 2m，芦苇类挺水植物不宜超过 1.2m。

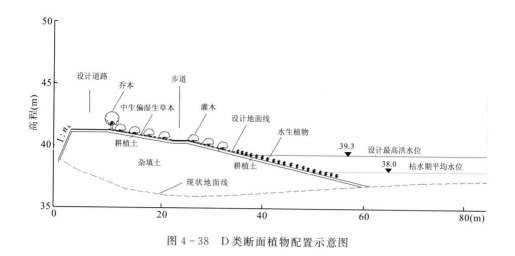

图 4-38　D 类断面植物配置示意图

对于周期性淹水过渡带和永久性淹没带，水生植物配置方式如图 4-39 所示。

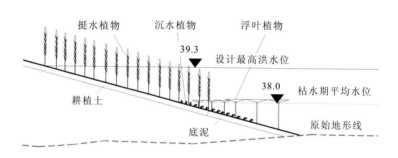

图 4-39　水生植物配置示意图

(三)种植和养护技术的主要注意事项

对满足条件的各种乔木、灌木和草本，经过精心选择后，在种植和培育时，不仅要懂得布局和配置，更重要的是要掌握正确的种植和养护技术。

(1)栽种时间要适宜。华北大部与西北南部：春栽 3 月上中旬至 4 月中下旬；秋栽 9 月下旬至 10 月中下旬。在中国北方春季种植比较适宜，一般在 3 月中下旬至 4 月中下旬适合种植大部分落叶树和常绿树。

(2)做好种植前准备。明确种植目的、意图，作出种植设计方案；准备好种植场地，包括平整、换土、施底肥、适量喷水等；选定种植数量(棵数)、间距、地段、排列方式；落实树种来源和运输方式等。

(3)苗木质量的好坏是保证植树成活的关键。为提高种植成活率，达到满意的绿化效果，在种植前应对苗木进行严格的选择。苗木选择的一般标准是在满足设计规格和树形的条件下，生长健壮，无病虫害，无机械损伤，树形端正，根系发达。苗木选定后应在其上作出标记以免掘苗时发生差错。掘苗时，要保证苗木根系完整。露根乔、灌木根系的大小一般应根据掘苗现场株行距及树木高度、干径而定。一般乔木根系为树木胸径的 10 倍左右；灌木根系为树木高度 1/3 左右。

(4)植树坑坑壁应直上直下,否则易造成窝根或填土不实的现象。种植带土球树木时,应注意使坑深与土球高度相符,以免来回搬动土球。填土前须将包扎物除去,填土后充分压实,但不宜损坏土球。

(5)种植较大的乔木时,种植后应设支柱支撑,以防浇水后大风吹倒苗木。养护的重要环节是树木种植后24h内,必须浇上第一遍水,而且水要浇透,使泥土充分吸收水分与树根部紧密结合,以利根部的发育。在中国北方气候较干燥的地区,种植后的10d以内应连续浇水3~5遍。

(6)草坪的种植方法一般有播种、栽根茎和铺草块3种,具体采用哪种方法应根据岸坡具体情况而定。但无论采用哪种方法都应先进行场地整理,使场地达到设计要求。没有表层耕植土的首先平整后覆耕植土,有表层耕植土的先将表土剥离,平整后再覆到地表,确保达到设计标高。需要时可适当施入一些充分腐化的底肥。

(7)为保证成活率和绿化效率,养护人员应先进行业务培训,合格后方可上岗。

(8)适当浇水、施肥、整形修剪、除草松土,并及时防治病虫害。

(9)注意与建构筑物、电力通信设施保持适当距离,尽量避开地下管线和地下构筑物等。

第五章 黄淮海平原典型采空塌陷区生态地质环境综合治理模式及效益评价

第一节 典型采空塌陷区生态地质环境综合治理模式

选定唐山古冶、邹城太平、淮南大通、永城陈四楼4个采煤塌陷区的综合治理工程为研究对象,现就各典型区生态环境综合治理模式的技术构成、治理内容与成效及其特点进行分述、归纳和总结。

一、唐山古冶塌陷区综合治理模式

(一)基本情况

唐山开滦煤矿已有百余年采煤历史。矿区塌陷地面积已达14 600 hm^2,积水面积1 800 hm^2,生态环境恶化。根据塌陷地类型、社会和环境条件,土地管理部门与科研工作者在总结群众经验的基础上,提出了3类农业复垦模式,分别是稳沉区矸石充填塌陷坑复田模式、动态塌陷区移动式蔬菜大棚栽培模式及稳沉区综合养殖和蔬菜场模式。本书就古冶区甘义庄的综合养殖和蔬菜场模式进行分析。该地区1994年开始治理,先对场区挖深垫浅平整地面,后建成鱼塘、蟹池、猪场、鸡场及蔬菜场等,并在斜坡地面种植水稻、玉米等作物。

(二)治理对象

治理区位于唐山市古冶区范各庄乡甘义庄,面积18.63 hm^2,常年积水面积约3.33 hm^2,雨季时积水可扩大至5.33~6.66 hm^2。主要治理对象是占地约3.33 hm^2 的塌陷积水坑及其周边15.30 hm^2 沉陷变形的农田。

(三)治理措施

1. 鱼塘建设

将塌陷较深的区域继续深入挖掘,形成"挖深区",用来发展水产养殖,同时将取出的土体充填到塌陷较浅的区域,形成"垫浅区",进一步改造作为道路与农业用地。此外,结合养殖需求,对水塘岸堤做一定加固与改造。

2. 综合养殖

在水塘内建设鱼塘、蟹池,围绕水塘建设鸡、鸭、猪等养殖场,饲料来源于人工采购及区内农作物秸秆等。

3. 蔬菜及其他作物种植

在远离水塘的平整地块种植蔬菜,并在养殖场间的边角地种植大豆、玉米、水稻等农作物。

(四)治理成果

对场区挖深垫浅平整地面,建成精养鱼塘 10 个,养猪场、养鸡场各 1 个,种植水稻、大豆等农作物 $0.53hm^2$,种植蔬菜 $5.33hm^2$。利用猪、鸡粪肥塘养鱼,塘泥肥田、植物秸秆作饲料,形成一个以食物链为纽带的综合养殖小基地。生态农业复垦结构图如图 5-1 所示。

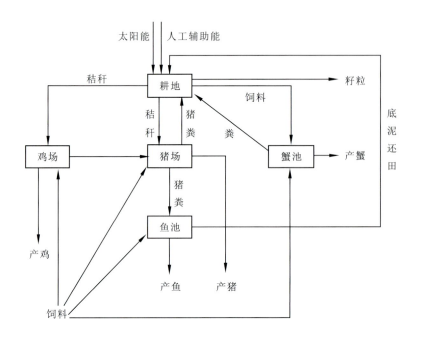

图 5-1 生态农业综合复垦系统结构图

综上所述,该治理工程以传统工程措施为主,辅以一定的生物技术进行农业复垦,归纳为生态农业综合养殖模式,代号为 A_1。治理效果如图 5-2 所示。

图 5-2 唐山古冶塌陷区治理效果图

二、邹城太平塌陷区综合治理模式

邹城市太平采煤塌陷区拟结合该市城市建设和旅游发展规划,在消除地灾隐患、加固受损房屋、恢复部分耕地的基础上,将塌陷区建成一个集科普、旅游和生态保护为一体的多功能湿地公园。

(一)基本情况

邹城市煤炭资源丰富,是中国大型现代化煤炭基地兖州煤田的重要组成部分。自20世纪70年代初至90年代末大面积、高强度开采,致使大片土地塌陷积水,良田沃土被淹,地裂缝纵横遍布,土地资源占用破坏严重,环境污染加剧,矿山地质环境遭受极大破坏,人民群众生命财产面临极大威胁。2012年开始对区内的地质环境问题做综合整治,如对地面塌陷深度积水区作挖深垫浅、岸坡加固等措施,对煤矸石堆采取清方、平整、覆绿等措施,重建了大面积林区与岸边植物带,划分出不同湿地功能区,美化了生态环境,还开展了华北地区迄今最为全面的矿山地质环境监测工程。

(二)治理对象

治理区坐落于邹城市太平镇北部,北临兖州市王因镇,西与济宁市接庄镇隔泗河相望,南连邹城市郭里镇,东接邹城市北宿镇、中心店镇。采煤塌陷深度 2~8m,总面积约 1 500hm^2,先期治理281hm^2。具体治理对象有 2 个面积分别为 77hm^2 与 43hm^2 的塌陷积水坑、广布的地面裂缝、占地 0.58hm^2 的煤矸石堆、大面积塌陷变形的农田。

(三)治理措施

1. 土地整理

充分利用现状变形地貌,对沉陷值小于 4m 的中、浅塌陷区削高补低,疏排部分区域的季节性积水,土方量缺口直接取自塌陷积水坑与煤矸石堆,最终使土地恢复为耕地。

(1)土地平整过程中,合理分区分块,减少区内土方的远距离搬运,并保证纵坡坡度在 1/2 000左右。

(2)将地表0.3m厚的耕植土剥离暂存于区外,土方充填达到设计标高后,将先前剥离的耕植土均匀回填,保证土壤肥力。

(3)田块平整后,配套5条比降1∶2 000的排水农沟。

2. 岸边防护

根据景观规划设计,适当地改造积水塌陷坑,在积水坑连通处与部分重要地段进行岸坡加固。

水下采用格宾+赛克格宾挡墙作为基础,水上选用格宾挡墙,即将赛克格宾垫抛投到设计枯水位线,然后再在上部搭建格宾挡墙。格宾单元属于典型的柔性防护结构,是用低碳钢丝编制而成的双绞合六边形金属网格内部填充石料组合而成的工程构件,赛克格宾经防腐处理适用于水下地段。墙体通过自身重量来维持稳定,防冲刷性能较好,可适应地基的不均匀沉降。

3. 绿化

对田间道路、损毁林地及积水区岸带进行绿化。栽植水生植物面积 26.78hm^2,陆生植物 53.33hm^2,共栽植植物 71 种,其中,水生植物 8 种,陆生植物 63 种,建成生态湿地观赏区、科普区、休闲体验区及生态养护区 4 个湿地功能区块。

4. 地质环境监测

布设科学合理的地质环境监测网,选择典型的监测剖面及监测点,对地面塌陷变形、水土环境和治理工程效果进行监测。监测有无大范围地面塌陷和地裂缝等地质环境问题发生的可能性,监测水土环境受采矿作用的影响程度以及矿山地质环境治理工程的实施效果,并以此为基础做进一步的分析和研究,指导矿山地质环境治理工程,服务于邹城市社会经济的可持续发展。

5. 煤矸石堆整治

区内煤矸石堆占用田地,分布较为分散,个体规模较小,对其采取清方利用、平整绿化的双项治理措施。

(1)因地面整体沉陷,土地整理土方量缺口较大,经论证后就近选用煤矸石抛填至塌陷地面底部,上覆一般土体及耕植土进行复垦。

(2)随着技术的进步,将煤矸石变废为宝作为多种资源加以利用成为解决煤矸石堆放及环境污染的新的重要途径。治理项目将部分煤矸石运送到场外变卖为建筑、能源、化肥等材料,而后对其占用的场地进行平整、绿化或复垦。

(四)治理成果

该治理项目通过覆绿、岸坡加固、土地整理及地质环境监测等工程,建成良好湖泊湿地景观 120hm²,新增复垦土地 80.89hm²,清方并利用占地 0.58hm² 的煤矸石 0.025km³,栽植水生植物面积 26.78hm²,陆生植物 53.33hm²。形成了生态湿地观赏区、科普区、休闲体验区及生态养护区 4 个环境优美的湿地功能区块(图 5-3)。

综上所述,可知该治理工程着力改善地面塌陷导致的景观与生态效应,以重建湿地景观为核心,辅以一定的土地复垦措施,属强生态治理模式,代号为 B_1。

图 5-3 邹城太平塌陷区治理效果图

三、淮南大通塌陷区综合治理模式

大通湿地生态区的生态修复与环境建设,是以生态调理为基础,工程修复为手段,系统自恢复为主导,全面恢复为目的,最终建设成为系统健全、功能完备、群落稳定、景观优美的矿山湿地生态恢复示范区。

(一)基本情况

大通区是淮南6个产煤区之一,于1911年开始开采,1980年闭坑。为了改善居民环境,淮南于2007开始实施大规模生态环境修复工程。大通治理区围绕塌陷积水盆地进行湿地生态区建设,在天然湿地基础上扩充人工湿地,对煤矸石堆进行覆绿与加固,并对煤矿开采遗迹进行了适当保留和保护利用。

(二)治理对象

治理区位于淮南市东部的大通区,塌陷区总面积438hm^2,已完成治理面积200hm^2。主要治理对象是8.06hm^{2}的塌陷积水湿地,占地3.02hm^{2}的煤矸石堆,大面积的塌陷变形农田及大片被破坏的林地。在消除地质灾害隐患、解决地质环境问题的基础上,还新建了一处煤矿遗址生态公园。

(三)治理措施

1. 土地整理

在现状地貌基础上,对远离塌陷积水坑塌陷值小于2m的区域削高补低,疏排部分区域的季节性积水,使损毁土地恢复为耕地。

2. 湿地改造与建设

运用工程措施,对现已为天然湿地的多年积水塌陷坑进行连通、挖深、形态重塑等改造,并新建人工湿地0.21hm^2。

3. 绿化

治理区现状植被以乔木为主,植物整体的覆盖度较高,但物种表现十分单一,林地主要以侧柏林、麻栎林和刺槐林为主。结合现有林地郁闭度过高、缺少林下植被、树龄单一等现状,主要以间伐、补植灌木和草本层为主,改变现有林地全为单纯林的现状。

4. 煤矸石堆整治

矸石堆周边是受污染最为严重的区域。由于矸石的理化性质造成水分含量低且保水能力差,此类区域主要采用分层剥离覆土、直接覆土和客土回填等工艺,选取适宜的先锋植物品种进行土壤肥力和土壤水分的提高,逐步进行修复。

5. 煤矿遗址生态公园

公园建于塌陷区内,基于区内地形地貌覆土造林、改造水系,并做一定土地整理,充分利用"万人坑"历史遗迹和大通煤矿遗址景观,建成具有教育意义和旅游价值的遗址生态公园。

(四)治理成果

大通治理区围绕塌陷积水盆地进行湿地生态区建设,在天然湿地基础上扩充人工湿地,对煤矸石堆进行覆绿与加固,并对煤矿开采遗迹进行了适当保留和保护利用。截至2008年底,已完成采煤塌陷坑治理面积10.2hm^2,其中天然湿地8.06hm^2,人工湿地0.21hm^2,修复和新栽植被85.32hm^2,治理矸石堆场3.02hm^2,整理复垦耕地22.00hm^2,建成了大通矿遗址生态公园,现为远近闻名的国家级矿山湿地公园(图5-4)。

该治理工程属于以生态修复为核心的强生态模式,循环经济开发已步入正轨,而邹城太平治理区尚处于构建湿地景区的起步阶段。本区治理模式代号为 B_2。

图 5-4 淮南大通塌陷区治理效果图

四、永城陈四楼塌陷区综合治理模式

(一) 基本情况

陈四楼煤矿于 1997 年正式投产，目前规模较大的塌陷区有 3 个，塌陷耕地共计 554hm²。其中一半以上为积水区，下沉值大于 0.3m 的有 363hm²。由于地面塌陷及地裂缝，导致治理区内的建筑物、耕地整体下陷，多数房屋浸泡于积水中，给居民生产生活带来了极大的安全隐患和困难。2012 年开始，按照"宜农则农、宜林则林、宜建则建"原则对塌陷区进行综合整治，主要包括开挖人工湖水景、土地整理、修建道路系统及排水工程等。

(二) 治理对象

陈四楼煤矿地处永城市永城煤田中部，治理区面积为 705hm²。主要治理对象为 41.25hm² 的水塘和 635.98hm² 的变形损毁农田。

(三) 治理措施

1. 人工湖建设

在治理区内开挖人工湖，用于蓄水、防洪、防涝等，挖出的土方填充至塌陷区。人工湖湖底标高为 24.5m，湖坡坡度按 1∶3 开挖，人工夯实。

2. 土地整理

使用人工湖工程挖掘出的土体充填塌陷坑，对区内的地块削高补低后平整，使其具有相应的土地属性功能，满足土地使用要求。

土地平整工程中，要求地面坡度小于 0.3‰，施工过程分层填压，压实后再进行下一层回填。对于恢复为耕地的地块，最上层保留 50cm 的耕植土，平整后复耕。

3. 道路工程

为了方便当地居民出行、生产、生活和游客旅游观光，在治理区内修建水泥混凝土道路，主要有主干道、支线路和广场步行道。

4. 排水工程

为了解决农田灌溉、道路排水和开挖人工湖蓄水及排洪等问题,在治理区内修建浆砌石排水渠和排水沟,使治理区内形成一个连贯的水系系统。

5. 绿化

依据生态性、景观性和多样性相结合的原则进行道路绿化、防护绿化和景观山体绿化,主要选择泡桐、悬铃木、龙柏等树种,通过绿化改善视觉景观及生态环境。

(四)治理成果

在面积大、积水浅的塌陷区,实施挖深垫浅与排水工程,复垦为耕地。于塌陷中心区配置小规模的塘地,用于农田涝排旱灌,兼作渔业养殖用地。治理项目共平整农田 635.98hm^2,新增耕地 467.86hm^2,建设农田灌溉渠 13.8km、排水沟 6.9km,新建养殖水塘 41.25hm^2。新建人工湖泊生态景观用地 21.2hm^2,修复和修建田间道路 15.23km,沿田间道栽植生态防护林 2.8万株。

该治理工程以农田复垦为核心,辅以一定的景观及基础设施建设,属生态农业综合复垦模式(图 5-5),区别于唐山古冶的生态农业模式在于侧重农作物复垦,以养殖为辅。治理模式代号为 A_2。

图 5-5 永城陈四楼塌陷区治理效果图

五、各典型采空塌陷区治理成效对比

如表 5-1 所示,由资料分析与实地调查可知,各典型采空塌陷区综合治理工程实施后,治理、改造或扩充了塌陷积水湖泊,用于养殖、农田涝排旱灌或湿地景观营造;整治并新增了耕作用地,解决了人地矛盾,提高了粮食产量;营建了生态林、经济林或水生植物等植物,既提高了植被覆盖率,也取得了较好的景观生态效果;修复、修建了田间道路,方便居民出行与生产劳作;整合、优化了经济生产结构,提高了土地生产力;部分地区还开展了地质环境长期监测,服务于矿区地质灾害预警预报及后续治理效果研究。总的来说,治理工程的实施有效消除了地灾隐患,提高了土地利用率,改善了水土质量,增加了居民经济收入,促进了乡村文明建设,有益于地区经济、生态和社会的可持续发展。

表 5-1 采煤塌陷区典型地质环境治理模式对比

治理区	治理对象	治理思路	治理措施	治理成果	治理模式
唐山古冶	占地约 3.33hm² 的塌陷积水坑及其周边 15.30hm² 塌陷变形的农田	进行生态农业综合复垦,形成以食物链为纽带的养殖基地	鱼塘建设、蔬菜及其他作物种植	建成精养鱼塘 10 个,养猪场、养鸡场各 1 个,种植农作物 0.53hm²,种植蔬菜 5.33hm²	生态农业综合养殖模式
邹城太平	面积分别为 77hm² 与 43hm² 的塌陷积水坑、广布的地面裂缝、占地 0.58hm² 的煤矸石堆、大面积塌陷变形的农田	集科普、旅游和生态保护为一体的多功能湿地公园	土地整理、岸边防护、绿化工程、煤矸石堆整治、地质环境监测	湖泊湿地景观 120hm²,新增复垦土地 80.89hm²,清方并利用煤矸石 0.025km³,栽植水生植物面积 26.78hm²,陆生植物 53.33hm²	强生态治理模式
淮南大通	8.06hm² 的塌陷积水湿地,占地 3.02hm² 的煤矸石堆,大面积的塌陷变形农田及大片破坏的林地	矿山湿地生态恢复示范区	土地整理、湿地改造与建设、绿化工程、煤矸石堆整治、煤矿遗址生态公园建设	采煤塌陷积水坑治理面积 10.2hm²,修复和新栽植被 85.32hm²,治理矸石堆场 3.02hm²,整理复垦耕地 22.00hm²,建成了大通矿遗址生态公园	强生态治理模式
永城陈四楼	41.25hm² 的水塘和 635.98hm² 的变形损毁农田	土地复垦,并进行小规模景观建设	人工湖建设、土地整理、道路工程、排水工程、绿化工程	平整农田 635.98hm²,新增耕地 467.86hm²,新建养殖水塘 41.25hm²,新建人工湖泊生态景观用地 21.2hm²,修复和修建田间道路 15.23km,栽植生态防护林 2.8 万株	生态农业综合养殖模式

第二节 典型区综合治理模式效益评价

对采煤塌陷区治理成果的评价分析,可为治理模式的推广与优化、治理方案的识别与选取提供科学依据,保证以较低的投入获得优良的环境、经济、社会效益,避免投资浪费与政策偏失。

评价工作需先进行基础资料的收集,包括室内数据采集与实地调查两部分。

首先,查阅研究区历年治理情况统计文件,各地年鉴,有关乡镇、区县、地市的统计年报资料(以 2013 年为主),以及发表于各类期刊、书报、网络上有关各治理区的研究或相关报道。其中,邹城太平资料主要来源于"邹城市太平采煤区矿山地质环境治理示范工程项目"的地质环境调查、地质测量、施工设计、地质环境监测等方面的报告;淮南大通资料主要来源于"大通湿地生态区建设项目"的地质环境调查、地质测量、施工设计、采矿遗迹保护等方面的报告;唐山古冶的资料主要来源于阎允庭等、赵玉霞等人公开发表的研究成果(阎允庭,2000;赵玉霞等,2000);永城陈四楼资料主要来源于"永城市东西城区间采煤塌陷区矿山地质环境治理项目"及河南农业大学豆飞飞硕士学位论文的研究成果(豆飞飞等,2013)。

其次,为了科学、客观地评价,研究团队还设计了面向治理区内居民的情况调查表(详见附录1),选择具有代表性的富裕、中等、贫困3个阶层各20户居民进行调查,旨在获取部分经济效益与社会效益指标值。研究人员对邹城太平治理区进行了实地走访调查,而唐山古冶、河南永城、淮南大通受交通、地域所限,调查工作委托予当地友好合作单位。

最后,就收集到的资料进行整理分析,开展效益评价。

一、效益评价的原则与方法

(一)效益评价原则

地质环境治理项目实施后,有直接效益与间接效益、近期效益与长远效益、宏观效益与微观效益等多种相互交叉、渗透,各具特点的效益以供甄别,评价工作需以一定的评价原则为基准,方能科学有效地达成评价目的。

1. 系统分析原则

采煤塌陷区是一个相对独立的地质单元,集中反映出区域内煤矿开发导致的地质环境破坏效应。根据系统论的整体性原理,在评价工程治理效益时应着重从整体出发评价系统的总体治理效果。

2. 综合分析原则

采煤塌陷区地质环境综合治理工程效益的表现形式受自然、经济、社会等多种条件和因素的影响与制约,不可能简单地通过某个或某方面的特征数据推断、计算出来,必须进行综合分析。在分析过程中,还需认真辨别并处理好宏观和微观、局部和整体、目前和长远等不同效益间的关系,建立准确可靠的评价指标体系。

3. 经济效益和社会效益统一原则

经济效益表现为研究区的总产值、总成本和纯收入等方面,社会效益表现为满足区域社会和人民群众基本需要的产品的使用价值。在评价过程中必须坚持使用价值和价值的统一,即经济效益与社会效益的统一。

4. 经济效益和生态效益统一原则

生态效益和经济效益既有对立的一面,又有统一的一面,是一对矛盾的统一体。良好的生态效益可进一步促进经济效益的发展,而优越的经济效益也是生态效益持续优化的有力保障,在评价工作中需将两者统一考量。

(二)效益评价方法

由前文研究综述可知,效益评价方法众多,各有其优缺点与指向性。鉴于采煤塌陷区地质环境问题的复杂性与地质环境效应的叠加性,治理工作多会采用多元复合模式,涉及工程、生物等多种治理措施,治理效益体现在多个方面。基于效益评价原则与实地情况的考量,本研究选定特尔菲法、层次分析法、隶属函数法与灰色关联度法共同对研究区的综合治理工程进行效益评价。

特尔菲法(Delphi Method),又称专家规定程序调查法,是一种广为适用的方法,由美国兰德(Rand)公司于1964年提出并首先应用于技术预测。它请有经验的专家匿名独立发表意见,根据各自的经验,为各类指标的重要程度定量打分,步骤可以先类后项,梯级进行。其特点在于集中专家的经验与意识,在不断的反馈和修改中,得到比较满意的答案。本书采用特尔菲法确定层次指标两两比较判断矩阵中各元素的相对重要性。

层次分析法(Analytic Hierarchy Process)是20世纪70年代由美国匹兹堡大学运筹学家Saaty T. L. 提出的一种多目标、多准则的决策方法。它是在定性方法基础上发展起来的定量确定多因素权重的科学方法,可在众多层次和因素的评价决策中将人们的经验思维数学化,保持决策者思维过程一致性。本书选用层次分析法确定综合治理效益各评价指标的权重值。

隶属度函数(Membership Function)是表征模糊集合的数学工具,在效益评价中用于把各具体指标值转化为无量纲的标准值。在模糊集合中,将特征函数的取值范围从0和1两个值扩大到[0,1]区间范围内的任意值。隶属度函数的确定过程,本质上是客观的,但每个人对同一模糊概念的认识理解存在差异,从而又具有一定的主观性。本书应用隶属函数法计算各效益评价指标的标准值。

灰色系统理论由中国教授邓聚龙于1982年提出,该理论较为广泛地应用于聚类、预测、决策、评估、模式识别、系统指标权重确定及诊断等方面。灰色关联度分析法是灰色系统理论应用的主要方面之一,其基本原理是通过对统计序列几何关系的比较来区分系统中不同多因素序列间关系的密切程度。本书选用灰色关联度法进行基于指标权重与指标标准化值的最终效益计算。

二、评价指标体系的建立

(一)指标选取原则

由本章第一节治理模式概况可知,4个典型采煤塌陷治理区在经济效益、生态效益、社会效益及综合效益上相互存在着差异。为对其差异进行客观、准确的表征和评价,评价指标的选取必须基于准确、科学的选取原则之上。

1. 客观性

指标必须客观存在,符合治理区的实际情况,避免使用人为影响严重的指标。

2. 科学性

指标应该建立在环境、经济、生态等多个相关学科的科学理论基础之上。

3. 系统性

指标体系必须能够全面准确地反映治理工程的社会、经济与生态效益,使评价目标和评价指标组成一个层次分明的整体,形成一个完整有序的评价系统。

4. 可比性

根据评价目的和评价对象的特点,选择时间、单位具有可比性的指标,使指标体系具有关联性,便于纵向、横向的比较。

5. 普遍性

选择具有广泛适用范围的指标,对于地质背景相似地区具有较强的可比性,便于其推广应用。

6. 独立性

要求单个指标能反映治理效益的某一侧面,且指标个体之间不重叠、不运算及不具备相关因果关系。

7.可操作性

选取的指标应当具有实用性,资料数据要易于取得、计算或换算,在实践中具有可操作性,便于有效地进行评价和分析。

8.可量化性

选取的指标需能以一定的数量形式表达,每一项数值同反映的效益内容一致。

(二)评价指标体系

1.指标体系的构建

对研究区的调查数据与文献资料分析后,依据评价指标的选取原则与本研究项目的研究目的确定指标体系。评价指标体系由3个一级指标构成,即经济效益指标、生态效益指标与社会效益指标。每个一级指标又由能反映其内涵的二级指标组成。经济效益指标由投资回收年限、土地生产力、资金产投比和产业带动系数构成;生态效益指标包含涵养净化水资源率、植被覆盖率、土壤侵蚀模数;社会效益指标包含劳动生产率、恩格尔系数、群众认同率。

效益评价指标的层次结构体系如图5-6所示。

图5-6 采煤塌陷区综合治理效益评价指标体系图

2.指标内涵及计算方法

1)投资回收年限(a)

投资回收年限是在不考虑资金时间价值的条件下,以治理项目的净效益收回其全部投资所需的时间。

计算公式:投资回收年限=项目总投资/年均效益

2)土地生产力[万元/($hm^2 \cdot a$)]

土地生产力是指一定时期内,土地在不同使用组合形式下产生的综合生产总值与治理区土地面积之比。

计算公式:土地生产力=土地总产值/治理区土地总面积

目前有实物量与价值量两种计算方法。治理区土地包括耕地、园林、牧草、水产养殖、生态旅游等多种用地形式,本研究是指治理区单位面积所产生的农、渔产品或其他形式成果的价值量。该指标反映了治理项目实施后土地资源使用的经济效益的提升程度。

3)资金产投比(无量纲)

资金的产投比是指综合治理工程实施后一定时期内的总产值与总投资额(包括年运行管

理、维护或其他持续投入费用)的比值。

计算公式:资金产投比＝总产值/总投资

4)项目产业带动系数(无量纲)

项目的产业带动系数又称产业影响力系数,主要由产业间的关联程度和下游产业的发展情况决定。计算方法为:先根据专家打分法确定与项目相关的各产业间的关联系数,然后计算各相关产业的总产值在地区总产值的比重来确定产业带动强度的大小,以其作为权重,从而可确定产业带动系数。

项目的产业带动系数反映了通过治理项目的投入和产出推动、刺激相关产业(如交通建设、农产品加工、旅游开发等)发展的程度。一般地,带动系数大于1表示产业带动系数大,0.7～1.0表示较大,0.5～0.7表示一般,0.3～0.5表示较小,0～0.3表示小。

5)涵养净化水资源率[元/($hm^2 \cdot a$)]

林地、天然湿地与人工湿地均可净化涵养水资源。每年涵养净化水源率为此两项经济价值之和与治理区面积的比值。污水处理成本按0.7元/m^3计。

计算公式:涵养净化水资源率＝全年涵养净化水资源量价值/治理区面积

6)植被覆盖率(%)

植被覆盖率是项目区内乔木、灌木及草地面积之和与项目区总面积的比值。植被对治理区内的生态平衡有重要价值,当植被覆盖率到达一定程度时(一般认为超过60%),可较好地起到调节气候、保持水土、涵养水源的作用。

计算公式:植被覆盖率＝林草地面积之和/项目区总面积×100%

7)土壤侵蚀模数[$t/(km^2 \cdot a)$]

指项目区单位土地面积上每年的土壤侵蚀量,一般采用多年平均值。采煤塌陷区内地面变形严重,使得原本平缓的平原耕作区出现较多塌陷边坡与裂缝,易发生水土流失。土壤侵蚀模数的大小反映了该治理区土壤侵蚀程度的强弱。侵蚀模数越小,土壤受侵蚀越弱,生态效益提高越多。

计算公式:土壤侵蚀模数＝全年土壤流失量/治理区面积

8)劳动生产率[元/(劳力・日)]

指一定时期内单位活劳动消耗量所创造劳动成果的经济价值,可用生产数量、劳动时间及经济效益表示。本书选用经济效益。活劳动指全年参加劳动的人数,全劳力以300天出勤计为1人・a,半劳力和零星劳动力需折算成全劳力计。

计算公式:劳动生产率＝净产值/(活劳动消耗量・300)

9)恩格尔系数(%)

指总支出中用来购买食物的费用比例。研究证明,一个家庭收入越少,其总支出中用来购买食物的费用所占的比例就越大,恩格尔系数就越高,反之就越低。该指标用来描述经济的发展程度和发展的阶段性,能客观实际地反映居民的收入水平和生活水平。在塌陷区治理的同时,有效增加治理区居民收入,降低当地的恩格尔系数也是治理效益的反映。

计算公式:恩格尔系数＝居民用于食品的消费支出/生活消费支出总额×100%

10)群众认同率(%)

指治理区内人民群众对治理成果的认可程度,该指标数据采用抽样调查得出。治理区居民是区内地质环境问题的直接受害者,他们对项目成果的认可度至关重要。

科学可持续的治理模式既可改善治理区的生态环境,又可提高当地的人均收入,将会得到群众的普遍认同。如果只考虑生态效益而忽略经济效益,以中国目前城镇经济发展水平还不足以得到群众广泛的认可;而如果只考虑经济效益忽略生态环境的有效保护,既违反治理的初衷,生态环境持续恶化的恶果最终也会损害治理成果。

计算公式:群众认同率=治理成果认同人数/受调查总人数×100%

三、评价指标权重的确定

权重反映了评价指标对治理效益的综合影响程度。层次分析法确定采煤塌陷区综合治理效益各评价指标权重的基本思路为:将研究对象分解为不同的组成因素,按各因素之间的隶属关系,建立递阶层次结构;对同层的各元素进行两两比较,就每一层次的相对重要性予以定量表示,最后确定出每一层次各项因素的权值。

(一)层次分析模型的建立

将采煤塌陷区综合治理效益评价指标体系划分为目标层(O)、准则层(U)与指标层(M),用框图形式说明层次的递阶结构与要素的从属关系,建立治理效益评价指标体系递阶层次结构模型,如图5-7所示。

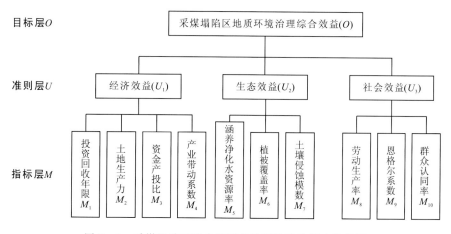

图5-7 采煤塌陷区综合治理效益评价递阶层次结构图

(二)构建判断矩阵

进行系统分析需以一定的信息为基础,层次分析法的信息基础来源于对每一层中各指标的相对重要程度的判断。根据建立的综合治理效益评价指标体系的递阶层次结构,针对上一层的指标因素,在下一层次中将与之相关的指标进行两两比较,所得到的相对重要性用具体的数值表示出来,并写成矩阵形式,这就构成了两两比较判断矩阵。例如,分析B层次各元素对于A_k的相对重要性,则可建立判断矩阵如式(5-1):

$$\boldsymbol{P}(A_k) = (b_{ij}) = \begin{Bmatrix} b_{11} & b_{12} & \cdots & b_{1n} \\ b_{21} & b_{22} & \cdots & b_{2n} \\ \cdots & \cdots & \cdots & \cdots \\ b_{n1} & b_{n2} & \cdots & b_{nn} \end{Bmatrix} \qquad (5-1)$$

b_{ij} 是判断矩阵 P 的元素，表示对因素 A_k 而言，B_i 与 B_j 相对重要性的标度值。

相关研究的标度值一般都采用 Saaty T. L. 提出的 1～9 标度法（也称 9 级计分法）表示，详见表 5-2。

表 5-2 1～9 标度法

标度	含义
1	表示两个因素相比，具有同样重要性
3	表示两个因素相比，一个因素比另一个因素稍微重要
5	表示两个因素相比，一个因素比另一个因素明显重要
7	表示两个因素相比，一个因素比另一个因素强烈重要
9	表示两个因素相比，一个因素比另一个因素极端重要
2,4,6,8	上述两相邻判断的中值
倒数	因素 i 与 j 比较得判断 b_{ij}，则因素 j 与 i 比较得判断 $b_{ji}=1/b_{ij}$

为避免或最大限度减少权重指标的主观随意性，采用特尔菲法征询相关专家和当地参与煤矿山地质环境治理的技术人员的评断意见，指标权重调查表见附录 2。整理回收调查表，求各调查值的平均值（去掉最小值与最大值），根据指标体系递阶层次结构模型，建立相应的两两比较判断矩阵（表 5-3）。

表 5-3 判断矩阵表

判断矩阵 $O-U$

指标	U_1	U_2	U_3
U_1	1	1/2	2
U_2	2	1	3
U_3	1/2	1/3	1

判断矩阵 U_1-M

指标	M_1	M_2	M_3	M_4
M_1	1	1/3	1/4	1/5
M_2	3	1	1/2	1/2
M_3	4	2	1	1
M_4	5	2	1	1

判断矩阵 U_2-M

指标	M_5	M_6	M_7
M_5	1	1/2	1/4
M_6	2	1	1/3
M_7	4	3	1

判断矩阵 U_3-M

指标	M_7	M_8	M_{10}
M_8	1	1/3	1/5
M_9	3	1	1/4
M_{10}	5	4	1

(三)排序与一致性检验

1. 层次单排序与一致性检验

1)层次单排序计算方法

对建立好的判断矩阵各层次的元素进行层次单排序。层次单排序就是确定同一层次对于上一层某个元素有关联的元素的相对重要性的排序权值,它是本层次所有元素对上一层重要性排序的基础。常见的计算排序权重向量的主要方法有:和积法、方根法、特征根法、最小二乘法及对数最小二乘法等。本书采用几何平均法,其计算步骤如下。

(1)计算判断矩阵各行元素各个元素的乘积的 n 次方根:

$$\overline{W}_i = \sqrt[n]{\prod_{j=1}^{n} a_{ij}} \qquad i,j = 1,2,3 \tag{5-2}$$

(2)对向量 $\overline{W}^T = (\overline{W}_1, \overline{W}_2, \cdots, \overline{W}_n)$ 进行归一化处理,得权重向量:

$$W_i = \frac{\overline{W}_i}{\sum_{i=1}^{n} \overline{W}_i} \qquad i = 1,2,3 \tag{5-3}$$

(3)计算判断矩阵的最大特征根($\lambda_{\max}$),公式中 P 表示相应的判断矩阵,$(PW)_i$ 表示矩阵 A 与权重向量 W 相乘后的第 i 个元素。

$$\lambda_{\max} = \frac{1}{n} \sum_{i=1}^{n} \frac{(PW)_i}{W_i} \qquad i = 1,2,3 \tag{5-4}$$

2)矩阵一致性检验

在构造判断矩阵时,由于客观事物的复杂性,不可避免地会使我们的判断带有主观与片面成分。因此,计算出的排序权值是否合理,还需进行一致性检验。根据线性代数相关理论,若 a_{ij}、a_{ik}、a_{kj} 是判断矩阵 A 中的元素,其存在关系:$a_{ij} = a_{ik}/a_{kj}$,则称该判断矩阵具有完全一致性。

但当 $n>2$ 时,在实际中要使构造的两两比较判断矩阵具有完全一致性较为困难,只能退而要求判断矩阵具有一定的一致性,也就是说允许判断矩阵存在一定程度的不一致性。

于是,层次分析法引入随机一致性比率(CR)作为判断偏离一致性程度的标准,其计算式如下:

$$CR = \frac{CI}{RI}, \quad CI = \frac{\lambda_{\max} - n}{n-1}, \quad n > 1 \tag{5-5}$$

其中,CI 为一致性检验指标;n 为判断矩阵阶数;RI 是平均随机一致性指标,用于消除由矩阵阶数影响所造成的判断矩阵不一致的修正数。

1~9 阶矩阵的 RI 值已由 Saaty T.L. 的 1~9 标度法计算给出。对于 $n>9$ 的取值,计算过程为:设定固定的 n 阶数,随机构造比较矩阵 P,其中,p_{ij} 是从 $1,2,\cdots,9,1/2,1/3,\cdots,1/9$ 中按 $1/17$ 的概率均匀随机抽取的,取充分大的子样得到 P 的最大特征值的平均值即为 RI 值。1~9 阶矩阵 RI 值详见表 5-4。

表 5-4　1~9 阶判断矩阵 RI 值

阶数	1	2	3	4	5	6	7	8	9
RI	0.00	0.00	0.58	0.90	1.12	1.24	1.32	1.41	1.45

对于 1、2 阶判断矩阵,因其总具有完全一致性,从而 RI 值只是形式上的。对于阶数 $n \geqslant 3$ 的判断矩阵,当 $|CR|<0.1$ 时,就认为该判断矩阵的层次单排序结果存在一致性,或其不一致程度是可接受的。当 $|CR|\geqslant 0.1$ 时,说明判断矩阵偏离一致性程度过大,需根据调查数据的变化趋势对矩阵进行逐步微调,直至具有满意的一致性为止。显然,CR 的绝对值越小判断矩阵的一致性也就越好,当 CR 为 0 时,判断矩阵完全一致。

3)权重结果的确定

判断矩阵 $O-U$:

$W=(0.297\ 0,0.539\ 6,0.163\ 4)^\mathrm{T}$;$\lambda_{\max}=3.009\ 2$,$CI=0.004\ 6$,$CR=0.007\ 9<0.1$,一致性检验通过。

则经济效益 U_1、生态效益 U_2、社会效益 U_3 相对于目标层 O 的权重为:$O=(U_1,U_2,U_3)=(0.297\ 0,0.539\ 6,0.163\ 4)$,权重分布图见图 5-8。

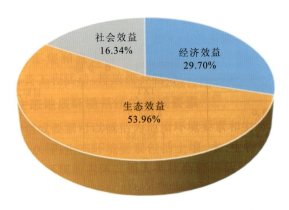

图 5-8　准则层 U 相对于目标层 O 权重图

同样,可求得指标层 M 各元素相对于准则层 U 的权重,结果如下。

判断矩阵 U_1-M:

$W=(0.075\ 6,0.195\ 9,0.354\ 1,0.374\ 4)^\mathrm{T}$;$\lambda_{\max}=4.015\ 5$,$CI=0.005\ 2$,$CR=0.005\ 7<0.1$,一致性检验通过。

判断矩阵 U_2-M:

$W=(0.136\ 5,0.238\ 5,0.625\ 0)^\mathrm{T}$;$\lambda_{\max}=3.018\ 3$,$CI=0.009\ 1$,$CR=0.015\ 8<0.1$,一致性检验通过。

判断矩阵 U_3-M:

$W=(0.100\ 7,0.225\ 5,0.673\ 8)^{\mathrm{T}}$；$\lambda_{\max}=3.085\ 8$，$CI=0.042\ 9$，$CR=0.073\ 9<0.1$，一致性检验通过。

2. 层次总排序与一致性检验

1）层次总排序

层次总排序就是计算同一层次所有元素对于最高层次相对重要性的排序权值。这一过程是由最高层次到最低层次逐层进行的。若上一层次 A 由 m 个元素 $A_1,A_2,\cdots,A_m$ 组成，其层次总排序权值分别为 $a_1,a_2,\cdots,a_m$，下一层次 B 由 n 个元素 $B_1,B_2,\cdots,B_n$ 组成，它们对于元素 A_i 的层次单排序权值分别为 $b_{1i},b_{2i},\cdots,b_{ni}$（当 B_k 与 A_i 无关时，b_{ki} 为 0），则层次 B 所包含各元素的层次总排序权重向量为：

$$W_B=(\sum_{i=1}^{m}a_ib_{1i},\ \sum_{i=1}^{m}a_ib_{2i},\ \sum_{i=1}^{m}a_ib_{3i},\cdots\cdots,\ \sum_{i=1}^{m}a_ib_{ni})^{\mathrm{T}} \tag{5-6}$$

若 B 层次下还有 C 层次，可根据计算得到的 $b_{1i},b_{2i},\cdots,b_{ni}$ 采用同样方法继续计算 C 层次的单排序权值，如此从高层向低层逐层计算，得到指标层所有元素的层次总排序，最终就可得到所有元素相对于总目标层的组合权重。实际上总排序就是层次单排序的加权组合。根据表 5-3 层次结构关系，计算各个评价指标对目标层的组合权重（层次总排序），结果见表 5-5。

表 5-5　治理效益评价指标体系权重值

目标层 O	准则层 U	指标层 M	权重	组合权重
采煤塌陷区地质环境治理综合效益	经济效益 0.297 0	投资回收年限	0.075 6	0.022 5
		土地生产力	0.195 9	0.058 2
		资金产投比	0.354 1	0.105 1
		项目产业带动系数	0.374 4	0.111 2
	生态效益 0.539 6	涵养净化水资源率	0.136 5	0.073 7
		植被覆盖率	0.238 5	0.128 7
		土壤侵蚀模数	0.625 0	0.337 3
	社会效益 0.163 4	劳动生产率	0.100 7	0.016 4
		恩格尔系数	0.225 5	0.036 9
		群众认同率	0.673 8	0.110 1

2）一致性检验

层次总排序的一致性检验也是从高层到低层进行的。例如 B 层次的某些元素对于上一层次元素 A_i 单排序的一致性指标为 CI_i，相应的平均随机一致性指标为 RI_i，A 层次判断矩阵的权重值为 a_i，则 B 层次总排序随机一致性比率的检验公式为：

$$CR_B=\frac{\sum_{i=1}^{n}a_iCI_i}{\sum_{i=1}^{n}a_iRI_i} \tag{5-7}$$

类似地，当$|CR|_总<0.1$时，就认为B层次排序结果具有满意的一致性，否则说明判断矩阵偏离一致性程度过大，需要重新调整判断矩阵的元素取值，直至满意为止。

如此从高层向低层逐层检验，得到最低层一致性比率$CR_总$。对于本评价：

$$CR_总 = \frac{(0.297\ 0 \times 0.005\ 2) + (0.539\ 6 \times 0.009\ 1) + (0.163\ 4 \times 0.042\ 9)}{(0.297\ 0 \times 0.58) + (0.539\ 6 \times 0.90) + (0.163\ 4 \times 0.58)}$$
$$= 0.017\ 9 < 0.1$$

由上述分析可知，本书指标层层次总排序通过一次性检验，各评价指标计算所得的权值符合评价要求。为更直观地对比各效益指标组合权重的相对大小，将权重计算结果用直方图表示(图5-9)。

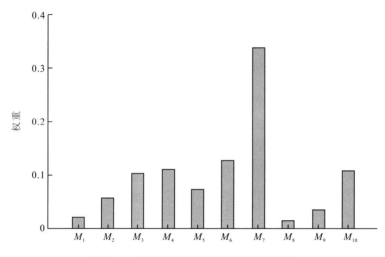

图5-9 效益评价指标组合权重对比图

四、效益评价指标表征

(一)经济效益指标

1. 不同治理模式工程投资

由于治理工程建设、维护、试运行直至正常运行周期较长，参照《水土保持综合治理效益计算方法》国家标准，设定各种效益的测算期为20年。价格体系均以2014年的价格水平计算。

投资金额指直接用于项目区治理工作的工程费用，配套工程、后期运行等其他形式发生的费用不计入内。根据收集到的资料，整理出不同治理模式的工程投资额，见表5-6。由前述内容可知，A_1、A_2、B_1、B_2分别代表唐山古冶、永城陈四楼、邹城太平、淮南大通4个典型采煤塌陷区的治理模式。

2. 年运行费用与产值

唐山古冶治理区鱼、猪、鸡、鸭等综合养殖面积12.77 hm^2，经营成本为1.49万元/亩(1亩=0.066 7 hm^2)；蔬菜种植面积5.33 hm^2，经营成本为3 640元/亩；种植水稻0.53 hm^2，经营成本为650元/亩，治理区每年总运行成本315.03万元。综合养殖每亩产值2.31万元，蔬菜种植每亩产值7 389元，水稻每亩产值2 000元，则每年总产值503.15万元。

表 5-6 不同治理模式投资表

治理模式	面积(hm²)	单位投资(万元/hm²)	总投资(万元)
A_1	18.63	38.40	715.39
B_1	281.00	25.18	7 075.58
B_2	200.00	12.60	2 520.00
A_2	705.00	11.32	7 980.60

邹城太平治理区整治复垦土地 80.89hm²，每亩平均投入 150 元生产小麦作物；湖岸线至水深 2.5m 区域水生植物覆绿面积 26.78hm²、陆地覆绿面积 53.33hm²，设计 3 年养护、管理费为 296.37 万元，平均到 20 年每年管理费为 14.82 万元；治理水域面积 120hm²，年维护费用按旅游收入的 50% 计，为 350 万元，可知，年总运行成本为 383.02 万元。复垦土地每年粮食产值为 78.87 万元，预计年旅游收入 700 万元，年直接经济总产值为 778.87 万元。

淮南大通治理区种植乔木约 2.45 万株，灌木约 3.00 万株，根据《园林绿化工程消耗量定额》，每株乔木 3 年养护期费用为 56.42 元，每株灌木 3 年养护期费用为 19.40 元，则 3 年植物养护费用为 196.43 万元，平均到 20 年养护费用为 9.82 万元/年；修复天然与人工新建湿地共 8.27hm²，综合采矿遗迹、人文、生态湿地等景观修建矿山遗址公园一座，年维护管理费按旅游收入的 50% 计为 617.40 万元；新建道路 3.24hm²，位于治理区内，修缮费用计入旅游维护支出；整理复垦耕地 22hm²，每亩平均投入 130 元生产粮食作物，则总运行成本共需 631.51 万元。据研究，大通湿地公园的年休闲娱乐价值为 1 234.80 万元；每年耕地产值 23.76 万元，可知年总产值为 1 258.56 万元(戴红军等，2014)。因生态居住区建设引起的周边土地升值等间接经济效益未计入内，该项效益会在项目产业带动系数中反映。

永城陈四楼治理区整理并新增耕地 635.98hm²，经土壤改良和熟化后对冬小麦和夏玉米轮种进行粮食作物生产，冬小麦平均每亩投入 120 元，玉米平均每亩投入 140 元；新增养殖用地 41.25hm²，每亩投入 650 元开发渔业；种植防护林 2.80 万株，每株乔木 3 年养护期费用为 56.42 元，则 3 年总养护费用为 157.97 万元，平均到 20 年养护费用为 22.90 万元/年，年总运行成本为 310.60 万元。小麦每亩毛收入 630 元，玉米每亩毛收入 720 元，渔业平均每亩毛收入 1 500 元，年总产值为 1 380.67 万元。

3. 经济效益指标计算

(1)投资回收年限：

$$T = \frac{K}{B-C} \tag{5-8}$$

(2)土地生产力：

$$D = \frac{\overline{B}}{S} \tag{5-9}$$

(3)资金产投比：

$$R = \frac{B}{K+C} \tag{5-10}$$

其中,K 为项目总投资;B 为年平均总产值;$\overline{C}$ 为年平均运行费用;S 为治理区面积;B 为治理工程计算期内产生的总产值;C 为计算期内总运行费用。

根据式(5-8)、式(5-9)、式(5-10)对各典型治理模式的经济效益指标进行计算。其中,项目产业带动系数由专家打分法获得。由表 5-3 可知,M_1、M_2、M_3、M_4 分别代表投资回收年限、土地生产力、资金产投比及项目产业带动系数,各典型治理模式的经济效益指标数据见表 5-7。

表 5-7 不同治理模式经济效益分析

治理模式	年产值(万元)	总投资(万元)	年运行费(万元)	M_1(a)	M_2[万元/($hm^2 \cdot a$)]	M_3	M_4
A_1	503.15	715.39	315.03	3.80	27.01	1.43	0.55
B_1	778.87	7 075.58	383.02	17.87	2.77	1.06	0.65
B_2	1 258.56	2 520.00	631.51	4.02	6.29	1.66	0.67
A_2	1 380.67	7 980.60	310.60	7.46	1.96	1.95	0.40

(二)生态效益指标

1. 涵养净化水资源率

根据王雪湘(2009)研究结果,林地每年可涵养净化水资源 $1.5 \times 10^3 m^3/hm^2$,污水处理成本可取 0.7 元/m^3。涵养净化水资源率为每年涵养净化水资源量价值与治理区面积之比。

唐山古冶生态农业治理模式没有对治理区进行绿化,而深塌陷积水坑在养鱼的同时,也用于鸡、鸭等家禽养殖,不但不能净化水源,还对周边浅表层地下水有一定的污染威胁,因而其净化涵养水资源率为 0。

邹城太平治理区整治积水塌陷坑面积 $120 hm^2$,积水深按平均 3m 计算,则治理水资源量 $3.6 \times 10^6 m^3$,地面覆绿 $53.33 hm^2$,易得林地净化水资源 $8.0 \times 10^4 m^3$,计算得涵养净化水资源效益 257.60 万元,涵养净化水资源率为 9 167.26 元/($hm^2 \cdot a$)。

淮南大通治理区修复天然与人工新建湿地共 $8.27 hm^2$,积水深按平均 3m 计算,则治理水资源量 $2.48 \times 10^5 m^3$,修复植被 $85.32 hm^2$,林地净化水资源 $1.28 \times 10^5 m^3$,计算得涵养净化水资源效益 26.32 万元,涵养净化水资源率为 1 316 元/($hm^2 \cdot a$)。

永城陈四楼治理区新增 $21.20 hm^2$ 人工湖泊用地,积水深按平均 2m 计算,则治理水资源量 $4.24 \times 10^5 m^3$,栽植生态防护林 2.8 万株,每株影响面积以 $4 m^2$ 计,则总影响面积为 $11.2 hm^2$,净化水资源 $1.68 \times 10^4 m^3$,计算得涵养净化水资源效益为 30.86 万元,涵养净化水资源率为 437.73 元/($hm^2 \cdot a$)。

2. 植被覆盖率

唐山古冶治理区蔬菜种植面积 $5.33 hm^2$,种植水稻 $0.53 hm^2$,可计算得植被覆盖率为 31.45%;邹城太平治理区地面覆绿 $53.33 hm^2$,整理复垦耕地 $80.89 hm^2$,植被覆盖率为 47.77%;淮南大通治理区修复植被 $85.32 hm^2$,整理复垦耕地 $22 hm^2$,植被覆盖率为 53.66%;永城陈四楼治理区整理复垦耕地 $635.98 hm^2$,生态防护林覆盖面积 $11.2 hm^2$,植被覆盖率为 91.80%。

3. 土壤侵蚀模数

经现场调查与资料分析,可得唐山古冶、邹城太平、淮南大通、永城陈四楼4个典型治理区的土壤侵蚀模数分别为 688t/(km²·a)、280t/(km²·a)、267t/(km²·a)、449t/(km²·a)。

(三) 社会效益指标

社会效益指标主要从各地公布的2014年社会经济统计数据与居民调查资料分析整理而来。综合上述,可得不同治理模式的各个指标值,详见表5-8。

表5-8 不同治理模式指标值

评价指标		治理模式			
		A_1	B_1	B_2	A_2
经济效益指标	投资回收年限(a)	3.80	17.87	4.02	7.46
	土地生产力(万元/hm²)	27.01	2.77	6.29	1.96
	资金产投比	1.43	1.06	1.66	1.95
	项目产业带动系数	0.55	0.65	0.67	0.40
生态效益指标	涵养净化水资源率[元/(hm²·a)]	0.00	9 167.26	1 316.00	437.73
	植被覆盖率(%)	31.45	47.77	53.66	91.80
	土壤侵蚀模数[t/(km²·a)]	688.00	280.00	267.00	449.00
社会效益指标	劳动生产率[元/(劳力·日)]	79.50	80.79	72.80	72.98
	恩格尔系数(%)	38.40	38.00	41.60	41.30
	群众认同率(%)	90.00	91.67	93.33	90.00

(四) 指标数据标准化

1. 指标基准值与理想值的确定

由于评价指标体系各定量指标的量纲不同,有些还没有量纲,且指标间数量级也不同,使得不同指标不能直接进行运算或相互比较。此外,评价指标还分"效益型"和"成本型"两类。效益型指标是指在一般情况下属性值越大越好的指标,如资金产投比、劳动生产率等,而成本型指标是指在一般情况下属性值越小越好的指标,如土壤侵蚀模数、恩格尔系数等,由此可知指标优化取值的趋势也不同。为了科学评价各项治理工程的综合效益,必须对各治理区的评价指标值进行无量纲化处理,转化为标准值。

各指标因子对效益的影响程度是一个模糊概念,采用隶属函数法对全部指标数据进行标准化处理,统一转换到[0,1]的范围。隶属函数主要有线性函数、分段函数、正比例函数、分级评分函数以及非线性函数等,本书采用应用较广的分段函数。

运用分段隶属函数计算标准值的前提是确定评价指标的基准值和理想值。基准值是指评价指标对于特定时段内一定范围总体水平的参照值,理想值是指在某一时段内预计要达到的数值或理论上的最优值。现就本书所涉及的10个评价指标论述如下(表5-9)。

1) 投资回收年限(M_1)

投资回收年限可简便直观地反映投资效果,是一项成本型指标,越小越好。一般基准值为20年,理想值为3年。

2) 土地生产力(M_2)

该指标反映土地的生产能力,值越大越好。治理工程对项目区内的湖泊、湿地、损毁耕地做了多种整治与生产结构的调配、升级,生产能力有明显提高。本书将土地生产力的基准值定为1.8万元/(hm^2·a),因唐山古冶具有极高的土地生产力,将27.5万元/(hm^2·a)定为理想值。

3) 资金产投比(M_3)

资金产投比反映了治理项目的产出与投入效率关系,该指标值越大越好。因环境治理属公益性、基础性行为,多由政府投资,并不强烈追求极大化的经济效益,所以可将基准值设为一般市场工程活动的一半,即为1,理想值设为2。

4) 项目产业带动系数(M_4)

项目产业带动系数反映了通过治理项目的投入推动或刺激相关产业的发展程度,该指标值越大越好。一般地,基准值设为0.3,理想值以系数较大为标准,取0.7。

5) 涵养净化水资源率(M_5)

涵养净化水资源率反映治理项目中湿地与林地的治理成效。因部分治理模式以粮食作物、牧草、花卉等复垦或综合养殖为主,不注重林木栽植,本书将基准值设为0,理想值设为10 000元/(hm^2·a)。

6) 植被覆盖率(M_6)

植被具有调节气候、保持水土、涵养水源等重要价值。根据工程属性与项目区实际情况,本书将植被覆盖率的基准值定为30%;一般研究认为,当植被覆盖率达到60%时,可较好地调节区域气候,而部分治理模式以林地覆绿或农田复垦为核心,最大可达100%,故将100%设为该指标的理想值。

7) 土壤侵蚀模数(M_7)

土壤侵蚀模数的大小反映了该治理区土壤侵蚀程度的强弱,该指标值越小越好。基准值选用治理前各区测得的最大值10 000t/(km^2·a),理想值采用水土流失治理工程的理想值250t/(km^2·a)。

8) 劳动生产率(M_8)

劳动生产率是治理工程经济效益的直接体现,该指标值越大越好。2014年中国全员劳动生产率达到了198.12元/人,综合分析治理区经济状况与经济条件,将基准值定为最低生活保障两倍左右的50元/(劳力·日),理想值定为85元/(劳力·日)。

9) 恩格尔系数(M_9)

恩格尔系数可反映居民的收入水平和生活水平,该指标值越小越好。研究认为,恩格尔系数达50%以下即认为居民生活水平进入小康水准,40%以下为经济水平富裕阶段,低于30%为最富裕阶段。本书分别选用50%与35%作为基准值与理想值。

10) 群众认同率(M_{10})

群众认同率反映了治理区居民对治理工程的最直观感受,该指标值越大越好。基准值为80%,理论上认为理想值应为100%,但现实生活中有较多不确定影响因素,95%就是非常高的最大限值。本书选取95%作为理想值。

表 5-9 效益评价指标基准值和理想值

评价指标	基准值	理想值	评价指标	基准值	理想值
投资回收年限(a)	20	3	植被覆盖率(%)	30	100
土地生产力[元/(hm²)]	1.8	27.5	土壤侵蚀模数[t/(km²·a)]	1000	250
资金产投比	1	2	劳动生产率[元/(劳力·日)]	50	85
项目产业带动系数	0.3	0.7	恩格尔系数(%)	50	35
涵养净化水资源率[元/(hm²·a)]	0	10000	群众认同率(%)	80	95

2. 数据标准化

1）隶属函数的确定

常用的隶属分段函数表达式及其适用类型如下。

(1) 升半梯形函数：

$$U(x) = \begin{cases} 0, & (0 \leqslant x \leqslant a_1) \\ \dfrac{x-a_1}{a_2-a_1}, & (a_1 \leqslant x \leqslant a_2) \quad \text{极大最优型} \\ 1, & (x \geqslant a_2) \end{cases} \quad (5-11)$$

(2) 降半梯形函数：

$$U(x) = \begin{cases} 1, & (0 \leqslant x \leqslant a_1) \\ \dfrac{a_2-x}{a_2-a_1}, & (a_1 \leqslant x \leqslant a_2) \quad \text{极小最优型} \\ 0, & (x \geqslant a_2) \end{cases} \quad (5-12)$$

(3) 上升三角形分布：

$$U(x) = \begin{cases} 1, & (x=0) \\ \dfrac{x}{a}, & (0 \leqslant x \leqslant a) \quad \text{极大最优型} \\ 0, & (x=a) \end{cases} \quad (5-13)$$

(4) 下降三角形分布：

$$U(x) = \begin{cases} 1, & (x=0) \\ \dfrac{a-x}{a}, & (0 \leqslant x \leqslant a) \quad \text{极小最优型} \\ 0, & (x \geqslant a) \end{cases} \quad (5-14)$$

(5) 梯形分布：

$$U(x) = \begin{cases} 0, & (0 \leqslant x \leqslant a_1) \\ \dfrac{x-a_1}{a_2-a_1}, & (a_1 \leqslant x \leqslant a_2) \\ 1, & (a_2 \leqslant x \leqslant a_3) \quad \text{适中最优型} \\ \dfrac{a_4-x}{a_4-a_3}, & (a_3 \leqslant x \leqslant a_4) \end{cases} \quad (5-15)$$

其中，x 为评价指标的实际值；a_1，a_2 分别为评价指标的上、下限值，取值从基准值和理论值中选定。

2）指标标准值的确定

表达实际效益时，指标值越大越好的为极大最优型，相反的为极小最优型。依据隶属分段函数对评价指标进行标准化时，极大最优型采用升半梯形分布函数，极小最优型采用降半梯形分布函数。其中，极大最优型指标涵养净化水资源率（M_5）的基准值为 0，选取上升三角形分布函数计算标准值。

(1) 投资回收年限 M_1(a)：

$$U_1(x) = \begin{cases} 1, (0 \leqslant x \leqslant 3) \\ \dfrac{20-x}{17}, (3 \leqslant x \leqslant 20) \\ 0, (x \geqslant 20) \end{cases}$$

(2) 土地生产力 M_2[元/(hm^2·a)]：

$$U_2(x) = \begin{cases} 0, (0 \leqslant x \leqslant 1.8) \\ \dfrac{x-1.8}{25.7}, (1.8 \leqslant x \leqslant 27.5) \\ 1, (x \geqslant 27.5) \end{cases}$$

(3) 资金产投比 M_3：

$$U_3(x) = \begin{cases} 0, (0 \leqslant x \leqslant 1) \\ x-1, (1 \leqslant x \leqslant 2) \\ 1, (x \geqslant 2) \end{cases}$$

(4) 项目产业带动系数 M_4：

$$U_4(x) = \begin{cases} 0, (0 \leqslant x \leqslant 0.3) \\ \dfrac{x-0.3}{0.4}, (0.3 \leqslant x \leqslant 0.7) \\ 1, (x \geqslant 0.7) \end{cases}$$

(5) 涵养净化水资源率 M_5[元/(hm^2·a)]：

$$U_5(x) = \begin{cases} 0, (x = 0) \\ \dfrac{x}{10\,000}, (0 \leqslant x \leqslant 10\,000) \\ 1, (x \geqslant 10\,000) \end{cases}$$

(6) 植被覆盖率 M_6(%)：

$$U_6(x) = \begin{cases} 0, (0 \leqslant x \leqslant 30) \\ \dfrac{x-30}{70}, (30 \leqslant x \leqslant 100) \\ 1, (x \geqslant 100) \end{cases}$$

(7) 土壤侵蚀模数 M_7[t/(km^2·a)]：

$$U_7(x) = \begin{cases} 1, (0 \leqslant x \leqslant 250) \\ \dfrac{1000-x}{750}, (250 \leqslant x \leqslant 1000) \\ 0, (x \geqslant 1000) \end{cases}$$

(8)劳动生产率 M_8[元/(劳力·日)]：

$$U_8(x) = \begin{cases} 0, (0 \leqslant x \leqslant 50) \\ \dfrac{x-50}{35}, (50 \leqslant x \leqslant 85) \\ 1, (x \geqslant 85) \end{cases}$$

(9)恩格尔系数 M_9(%)：

$$U_9(x) = \begin{cases} 1, (0 \leqslant x \leqslant 35) \\ \dfrac{50-x}{15}, (35 \leqslant x \leqslant 50) \\ 0, (x \geqslant 50) \end{cases}$$

(10)群众认同率 M_{10}(%)：

$$U_{10}(x) = \begin{cases} 0, (0 \leqslant x \leqslant 80) \\ \dfrac{x-80}{15}, (80 \leqslant x \leqslant 95) \\ 1, (x \geqslant 95) \end{cases}$$

利用上述隶属分段函数，对各典型治理区的效益评价指标的实际值进行标准化，结果详见表 5-10。

表 5-10 评价指标数据标准化值

评价指标		治理模式			
		A_1	B_1	B_2	A_2
经济效益指标	投资回收年限(a)	0.95	0.13	0.94	0.74
	土地生产力(元/hm²)	0.98	0.04	0.17	0.01
	资金产投比	0.43	0.06	0.66	0.95
	项目产业带动系数	0.63	0.88	0.93	0.25
生态效益指标	涵养净化水资源率[万元/(hm²·a)]	0.00	0.92	0.13	0.04
	植被覆盖率(%)	0.02	0.25	0.34	0.88
	土壤侵蚀模数[t/(km²·a)]	0.42	0.96	0.98	0.73
社会效益指标	劳动生产率[元/(劳力·日)]	0.84	0.88	0.65	0.66
	恩格尔系数(%)	0.77	0.80	0.56	0.58
	群众认同率(%)	0.67	0.78	0.89	0.67

五、效益评价的计算模型

李智广等(1998)研究表明，对自然条件、社会经济条件和土地资源适宜性等差异性较大的多个地区同时进行效益评价时，灰色系统理论的适用性较好。采煤塌陷区内融合了自然环境、生态、社会、经济等多方面内容，呈现为动态物质流、能量流、信息流、价值流的综合场所，使得地质环境治理的过程实际上就是解决含有确知、非确知及未知的信息、关系、结构的灰色系统问题。

因此,应用灰色关联度法对不同典型区的治理效益进行系统分析和效益评价是最为恰当和科学的。本书选用灰色关联度法进行效益评价,通过计算各指标实测值与标准值的关联度大小来评定不同治理模式的优劣。

(一)参考数列的建立

灰色关联度分析首先需构建一个参考数列。在参与研究的4种治理模式中,单项评价指标在不同的治理模式中实测值均不同,但它存在一个共同的最优值或理想值,如项目产业带动系数的理想值为1、恩格尔系数理想值为30等。参考数列即是由各指标数据的理想值组成,它一定程度上就是该研究区综合治理后在经济、生态及社会领域所期望达到的最佳水平。

本研究参考数列计为:

$$X_0(k) = [X_0(1), X_0(2), X_0(3), X_0(4), \cdots, X_0(10)]$$
$$= (3, 27.5, 2, 0.7, 10\,000, 100, 250, 85, 35, 95)$$

参考数列标准值为:

$$X_0 = (1,1,1,1,1,1,1,1,1,1)$$

(二)比较数列的建立

将4种典型治理模式评价指标实测数据的标准化值作为本次灰色关联度分析的比较数列:

$$X_1(k) = (0.95, 0.98, 0.43, 0.63, 0.00, 0.02, 0.42, 0.84, 0.77, 0.67)$$
$$X_2(k) = (0.13, 0.04, 0.06, 0.88, 0.92, 0.25, 0.96, 0.88, 0.80, 0.78)$$
$$X_3(k) = (0.94, 0.17, 0.66, 0.93, 0.13, 0.34, 0.98, 0.65, 0.56, 0.89)$$
$$X_4(k) = (0.74, 0.01, 0.95, 0.25, 0.04, 0.88, 0.73, 0.66, 0.58, 0.67)$$

其中,$k=1,2,\cdots,10$。$X_1(k)$、$X_2(k)$、$X_3(k)$、$X_4(k)$分别为唐山古冶、邹城太平、淮南大通、永城陈四楼4个不同治理区的比较数列。

(三)指标相关系数

参考数列$\{X_0(k)\}$与比较数列$\{X_i(k)\}$($i=1,2,3,4; k=1,2,\cdots,10$)在第$i$个评价单元的第$k$个指标与第$k$个理想指标的关联系数表达式如下:

$$\xi_{i0}(k) = \frac{\min\limits_{i}[\min\limits_{k}\Delta x_{i0}(k)] + \rho \max\limits_{i}[\max\limits_{k}\Delta x_{i0}(k)]}{\Delta x_{i0}(k) + \max\limits_{i}[\max\limits_{k}\Delta x_{i0}(k)]} \quad (5-16)$$

其中,$\Delta x_{i0}(k) = |x_0(k) - x_i(k)|$,为比较序列与参考序列在第$k$个变量差的绝对值;$\rho$为分辨系数,取值区间为[0,1],通常取0.5;$\min\limits_{i}[\min\limits_{k}\Delta x_{i0}(k)]$为$\Delta x_{i0}(k)$的最小值;$\max\limits_{i}[\max\limits_{k}\Delta x_{i0}(k)]$为$\Delta x_{i0}(k)$的最大值。

由建立好的参考序列与比较序列,可得差序列$\Delta x_{i0}(k)$的值,详见表5-11。

由表5-11可知,$\min\limits_{i}[\min\limits_{k}\Delta x_{i0}(k)] = 0.02$,$\max\limits_{i}[\max\limits_{k}\Delta x_{i0}(k)] = 1.00$,当$\rho$取0.5时,关联系数$\xi_{i0}(k) = \dfrac{0.02 + 0.5 \times 1.00}{\Delta x_{i0}(k) + 0.5 \times 1.00} = \dfrac{0.52}{\Delta x_{i0}(k) + 0.50}$,由此可计算不同治理模式各评价指标的关联系数,详见表5-12。

表 5-11　差序列 $\Delta x_{i0}(k)$ 值

$\Delta x_{i0}(k)$	指标									
	M_1	M_2	M_3	M_4	M_5	M_6	M_7	M_8	M_9	M_{10}
$\Delta x_{10}(k)$	0.05	0.02	0.57	0.38	1.00	0.98	0.58	0.16	0.23	0.33
$\Delta x_{20}(k)$	0.87	0.96	0.94	0.13	0.08	0.75	0.04	0.12	0.20	0.22
$\Delta x_{30}(k)$	0.06	0.83	0.34	0.08	0.87	0.66	0.02	0.35	0.44	0.11
$\Delta x_{40}(k)$	0.26	0.99	0.05	0.75	0.96	0.12	0.27	0.34	0.42	0.33

表 5-12　不同治理模式各评价指标的关联系数

$\xi_{i0}(k)$	指标									
	M_1	M_2	M_3	M_4	M_5	M_6	M_7	M_8	M_9	M_{10}
$\xi_{10}(k)$	0.95	1.00	0.49	0.59	0.35	0.35	0.48	0.79	0.72	0.62
$\xi_{20}(k)$	0.38	0.36	0.36	0.83	0.89	0.42	0.96	0.84	0.74	0.72
$\xi_{30}(k)$	0.93	0.39	0.62	0.90	0.38	0.45	1.00	0.61	0.55	0.85
$\xi_{40}(k)$	0.68	0.35	0.94	0.42	0.36	0.84	0.68	0.62	0.57	0.62

（四）关联度的确定

采用加权法求取不同治理模式的经济、生态、社会效益及综合效益关联度，加权法表达式如下：

$$r_i = \sum_{k=1}^{n} W_i \xi_{i0}(k) \tag{5-17}$$

其中，r_i 为第 i 个评价对象与理想效益的灰色加权关联度，若 $r_i > r_{i+1}$，则表示第 i 个评价对象比第 $i+1$ 个评价对象更接近理想效益；W_i 为各模式效益评价指标的权重向量，经济、生态、社会效益关联度计算采用准则层对应权重向量，综合效益的计算采用组合权重向量。不同治理模式的关联度如表 5-13 所示。

表 5-13　不同治理模式关联度

治理模式	经济效益	生态效益	社会效益	综合效益	综合排序
A_1	0.66	0.43	0.66	0.54	4
B_1	0.54	0.82	0.74	0.72	2
B_2	0.71	0.78	0.76	0.75	1
A_2	0.61	0.67	0.61	0.64	3

六、不同治理模式效益评价的结果分析

(一)评价结果等级划分

由以上计算模型分析可知,关联度表示各治理区的全部评价指标值与理想指标值的关联程度,关联度 r 的值越大,表示治理成果越显著、效益越好。为了使不同治理区的评价结果等级化、定性化,将评价结果按关联度划分为 4 个等级:关联度在 0.80~1.00 区间效益为优,0.70~0.79 为良,0.60~0.69 为中,0.59 及以下为差。依据以上 4 个等级对评价结果进行划分(表 5-14)。

表 5-14 不同治理区评价结果表

治理模式	治理区	经济效益	生态效益	社会效益	综合效益
生态农业综合模式	唐山古冶 A_1	中	差	中	差
	永城陈四楼 A_2	中	中	中	中
强生态模式	邹城太平 B_1	差	优	良	良
	淮南大通 B_2	良	良	良	良

(二)经济效益分析

由效益评价可知,同属强生态治理模式的淮南大通与邹城太平的经济效益关联度值分别是 0.71 与 0.54,分居最大与最小位置,也就是两地的经济效益分别是最优与最差,而采用生态农业综合治理模式的唐山古冶与永城陈四楼经济效益关联度分别是 0.66 和 0.61,效益居中。

淮南大通治理区因 1978 年闭坑后撂荒,经 20 年左右的自然恢复,湖泊湿地已达到了良好的内循环平衡,经过投资改造,尤其是煤矿遗址生态公园的建设,使它成为远近闻名的国家级矿山湿地公园,极大地拉动了旅游产业,经济效益显著。唐山古冶以综合养殖为核心,投资大、回报大,当然风险也大,主要限制因素是投入与市场波动,而永城陈四楼的生态农业模式以传统土地复垦为核心,有效增加了耕地面积,属低产出、低投入类型。邹城太平治理区 2012 年才着手开展治理工作,同样规划建设成为湿地公园,目前以 20 年为周期的经济效益计算中整治土地产值为实际调查值,而旅游收入是估算值,以 120 hm^2 湿地面积 700 万元的年估算收入与淮南大通治理区 8.27 hm^2 湿地面积 1 234.80 万元的实际收入相比较显得较为保守。

综上可知,以经济开发为牵引的淮南大通治理区、唐山古冶治理区均取得了较好的经济效益,评价等级分别为良、中,传统农业复垦永城陈四楼治理区经济效益稍次,但也处于中等级别,达到治理目的。邹城太平治理区属国家投资的公益性治理项目,前期着重寻求生态功能的恢复与景观重建,随着后期湿地公园项目的全面开发,其经济效益有巨大的提升潜力。

(三)生态效益分析

在生态效益方面,同属强生态治理模式的邹城太平治理区与淮南大通治理区的生态效益关联度分别是 0.82 与 0.78,分居第一、第二位,之后依次是永城陈四楼治理区的 0.67,及唐山古冶治理区的 0.43,与前两者的关联度相差较大,模式效益差别明显。

生态效益的评价指标由净化涵养水资源率、植被覆盖率及土壤侵蚀模数构成。净化涵养水资源率反映净化水体的经济价值与治理区面积的比值。唐山古冶虽存在一定规模的水塘，但多用于鸡、猪、鱼等综合养殖，不但不能净化水源，还可能在一定程度上对水体本身及周边地下水有一定的污染。永城陈四楼的净化水体效益虽与淮南大通相当，但因其治理区面积大而变得不显著。

植被覆盖率由治理区内林地及农作物的面积比重决定。永城陈四楼治理区以农业种植为主要产业，植被覆盖率高达91.80%，淮南大通治理区为53.66%，邹城太平治理区为47.77%，最小的是唐山古冶治理区，为31.45%。

土壤侵蚀模数是反映治理区土壤侵蚀程度强弱的指标，是地面坡度、植被覆盖率、人工扰动、降雨强度等多种影响因素的综合表现。由实测值计算而得，唐山古冶、邹城太平、淮南大通与永城陈四楼4个治理区的土壤侵蚀模数分别为$688t/(km^2·a)$、$280t/(km^2·a)$、$267t/(km^2·a)$、$449t/(km^2·a)$，可见永城陈四楼的植被覆盖率虽高至91.80%，但其土壤侵蚀模数也高达$449t/(km^2·a)$，推测因其植被体系中以农作物为主，林地比重小，而农业用地每年需经历秋冬收割、犁翻土地等人工扰动后直接裸露于易风化环境一段时期，导致土地侵蚀模数较大。

综上分析可知，优质且规模较大的湿地水体与长效林地有助于生态效益指标的提升，强生态治理模式的生态效益优势明显，达到了相应治理工程的设计预期。

（四）社会效益分析

同属强生态治理模式的淮南大通与邹城太平治理区的社会效益关联度分别是0.76与0.74，分居第一、第二位，评价等级为良，之后依次是唐山古冶治理区的0.66，以及永城陈四楼治理区的0.61，评价等级为中，可知社会效益具有与生态效益相同的模式差别特征。

由实地调查可知，淮南大通治理区获得了最高的群众认同率——93.33%，其余3个治理区的群众认同率也等于或大于90%，认同度较高。劳动生产率与恩格尔系数数据标准化过程的理想值依据国际标准与国家期望值确定，唐山古冶、永城陈四楼的2个标准值均在0.60左右，与邹城太平的0.88、0.80差距较大，说明中国现阶段农村社会发展仍有较大的进步需求，且区域不平衡差距也较为明显。

（五）综合效益分析

从综合效益来看，淮南大通治理区的综合效益最优，紧随其后的是邹城太平治理区，两者综合效益关联度值相差不大，评价等级均是良；永城陈四楼的综合效益等级为中；唐山古冶虽然经济效益较好，但其综合效益结果为差。可见不能盲目片面地追求经济效益而忽视其他方面的效益诉求，不然随着多方效益不平衡的失调加重，后期还需再次治理，不仅增加投资费用，治理难度也可能会加大。

综合分析4个不同治理区的各项效益评价结果可知，采取强生态治理模式的淮南大通和邹城太平治理区的综合效益优于选用生态农业综合治理模式的永城陈四楼与唐山古冶。其中，淮南大通在经济、生态、社会各方面的效益评价等级均为良，治理成效均衡、稳定，可推广性强。永城陈四楼的各项效益评价等级均为中，治理成效也较为稳定，在人地矛盾突出，经济基础薄弱，寻求生态防护型农业治理模式的地区具有一定的推广价值。唐山古冶的综合效益评价等级是差，但经济效益相对较好，表明其治理模式的技术措施构成不甚合理，为保障多方均衡发展需在后期做进一步调整,地质背景与社会环境条件类似地区应予以借鉴,避免同类问题的发生。而邹城太平单位面积投资大,生态效益与社会效益较为突出,但经济效益尚不明显,在以政府投资为主体、地区经济条件优异、对良好生态景观需求强烈的地区可以借鉴。

不同治理模式的立足点不同,如以开发性治理为目的,其经济效益较高,以恢复性治理为目的,则其生态效益较好。而不同采煤塌陷区的既成环境现状与社会经济条件互相存在着差异,治理工程原则上需选取最适宜本地区的治理模式,经济、快速、优质地解决地质环境问题,建立或恢复与当地自然、经济、社会相和谐的生态系统,提高系统的总体生产力和稳定性。强生态治理模式以生态重建为核心,目的在于解决生态环境破坏效应并提升景观观赏性,适用于有一定经济基础且对优质生态环境有强烈需求的地区,如本书的邹城、淮南治理工程。生态农业综合治理模式以恢复塌陷区生态环境,引导农村自然经济步入正轨继而健康发展为主要任务,耕地不足的地区宜采用生态农业复垦模式着力消解人地矛盾,如永城陈四楼综合治理工程;为了提升经济效益也可基于地区实际建设高价值经济田,或引进养殖产业形成生态农业综合养殖模式等其他经济发展形式,如唐山古冶综合治理项目。如此,综合效益达到中等即可认为该治理模式适宜于本地区现阶段的治理要求。当然,效益评价等级越高说明其适宜性越好,应用推广价值也越大。

第六章　黄淮海平原缓倾深埋煤层塌陷区综合治理范式

基于国内外研究现状与4个典型塌陷治理区的效益评价结果，本章将在充分考虑治理区采煤塌陷破坏特征的基础上，甄选出综合治理模式的优选配置，建立一个兼顾地区生态和经济，以防治性治理为主，以开发性治理为辅的黄淮海平原缓倾深埋煤矿采空塌陷区的生态综合治理范式，为区域地质环境保护和综合治理方案选取与决策提供参考。

第一节　研究区采煤塌陷治理措施体系配置

一、工程措施配置

在地面塌陷变形、地裂缝广泛发育的采煤塌陷区内，工程措施是地物加固、地面改造与修整的基本及先决技术措施。总结多年的治理与研究经验，工程措施包括塌陷地改造复垦与地质体加固两方面。

（一）塌陷地复垦措施

1. 充填复垦

利用易得的矿区固体废弃物（如煤矸石、坑口和火电厂的粉煤灰、露天矿覆盖层的剥离物、尾矿渣）及垃圾、沙泥、湖泥、水库库泥和江河污泥等来充填采煤塌陷坑，恢复到合理地面高程来综合利用土地。该技术的优点是在对矿区固体废弃物进行良好处理的同时解决了塌陷区的复垦问题；缺点是土壤的生产力在原先的基础上会有一定的破坏，并可能引发二次污染。

1）表土剥离复垦

农用地表土剥离技术和相关制度是矿区土地复垦中涉及的同步甚至优先于采矿生产的生态恢复工作，最早提出于国外露天采矿过程。美国煤炭资源丰富，煤矿山开采引发的矿山地质环境问题引起了美国政府的高度重视，各州和联邦政府都陆续作出规定，若矿区土地为基本农田，则在矿山所有人进行开采前必须对农用土地的表层土进行剥离、存储，以备在闭矿后用于回填和重建土壤生产力。《基本农田采矿作业的特殊永久计划实施标准》规定：用于基本农田重建的表层土，其剥离和存储的最小深度必须达到121.92cm，基本农田表土剥离和存储必须单独剥离表层土及剥离其他有益的土壤物质；表土回填时重建土壤的生产力和各项物理、化学属性必须等同或者高于该地区其他基本农田（李蕾，2011）。

中国目前也开始重视表土剥离的法规和技术的重要性，许多国内学者对煤矿采空塌陷区表土剥离技术也做了探索，但是到目前还没有关于表土剥离技术的规范。现已提出了适用于高潜水位的"挖深垫浅"的条带复垦表土外移剥离法和适用于潜水位较低的采矿区的梯田模式表土剥离法。前者是根据拖式铲运机宽度，由外到里预算出每一拖式铲运机宽度范围内的土方量,然后将复垦区划分成不同的复垦条带和取土区,每一条带大致为拖式铲运机宽度的整数倍数,最后由外向里层层剥离、垫高、回填。后者是在潜水位对农作物及植物生长没有影响时,对塌陷区进行平整,修筑梯田时,采用表土逐行置换法、表土中间堆置法、上挖下填与下挖上填等工艺(付梅臣等,2004)。

不同复垦技术对土壤重构质量影响较大。如表 6-1 所示,表土剥离复垦的土壤有机质、全氮、全磷及速效钾等土壤养分状况明显高于其他复垦方式。由于表土剥离复垦碾压次数较多,土壤容重略大,总孔隙度略小,经松翻后,能够得到改善。一般表土剥离复垦 2~3 年后,土壤养分状况和物理性能基本与当地复垦前相同,在高潜水位塌陷区甚至高于淹没的土壤质量(付梅臣,2004)。参照黄淮海平原区植物根系的地境深度和胡振琪(1996)等的研究,复垦成耕地时的最优表土回填厚度为 60~80cm,复垦成林地的最优表土回填厚度为 80~100cm。

表 6-1　不同复垦工艺对土壤养分含量的影响(据付梅臣,2004)

复垦方法	土层深度(cm)	有机质(g/kg)	全氮(g/kg)	全磷(g/kg)	速效钾(g/kg)
表土剥离	0~20	18.58	0.70	0.56	157.5
混合复垦	0~20	14.55	0.68	0.50	108.0

目前黄淮海平原区的许多煤矿尚在开采期,采煤沉陷地仍未稳沉,倘若等到地面稳沉后再复垦,地表熟土就会沉入水底,再进行挖深垫浅复垦时,土壤层形态就会受到很大的影响,复垦后的土地甚至无法用作耕地。而若表土剥离过早,也会影响正常的农业生产活动。基于此,一些学者提出了预复垦、超前复垦、动态复垦、边采边复等概念和方法。如基于 GIS 的空间分析功能与动态开采沉陷预测技术,综合考虑其他因素定量化确定表土剥离的范围及时间;基于概率积分法确定各个地下开采单元对应的地面表土剥离范围及时间(肖武等,2013,2014)。

2)煤矸石充填复垦

煤矸石复垦土壤 pH 值一般为 7.76~7.96,略偏碱性,随土壤深度逐渐增大。煤矸石复垦土壤的有机质、水解氮、速效钾、速效磷等肥分含量均低于农田,基本都呈现出含量随深度增加逐渐减小的趋势。以淮南潘一矿区和淮北岱河矿煤矸石土壤复垦为例,这两个地区采用煤矸石为主要填充材料,上部有深度为 100cm 的覆土,相关土壤理化性质数据见表 6-2。

土壤肥力水平主要与有机质和氮、磷、钾等养分含量密切相关。参照全国第二次土壤普查养分分级标准(表 6-3),可知淮南、淮北煤矸石复垦地区土壤有机质、碱解氮含量基本处于缺乏,较缺乏水平,速效钾、速效磷为中等—缺乏水平。对比淮北矿区的 20 世纪八九十年代两组土壤养分数据可以看出,80 年代比 90 年代稍好,表明随着时间的推移,表层土壤肥分含量呈现增长的趋势,但是肥分积累增长的速度较缓慢。所以必须增加培肥,特别是氮肥、钾肥、有机肥料。

此外,煤矸石中存在铜、镉、铬、铅、铁、锰等重金属元素。据部分学者研究,黏土矿物晶格中的金属离子是重金属在煤矸石中的主要赋存状态,风化作用使它解脱,同时也会被风化的黏土矿物或胶体吸附(崔龙鹏等,2004)。淮南矿区复垦土壤重金属含量检测表明:铜(Cu)、镉(Cd)、铬(Cr)、铅(Pb)、锌(Zn)、镍(Ni)6 种重金属元素都具有向复垦土壤迁移的特征,复垦土壤 6 种重金属含量均高于淮南土壤和中国土壤的背景值,Cr、Zn、Cd 的含量在国家规定的土壤二级甚至三级标准范围之外,已经对土壤的环境质量构成了威胁,尤其是 Cd,已经对土壤造成了严重的污染。因此在后续的煤矸石复垦施工中,应把煤矸石直接充填复垦的地区多用作景观林地、道路公园等建设用地,该土地产物不宜进入食物链。在耕地或果园用地的复垦区必须采取一定的工程、化学和生物防治措施,如采用污泥和粉煤灰覆盖煤矸石。该方法经室内淋溶模拟实验验证可有效抑制煤矸石中硫化物氧化产生的酸和重金属污染,污泥覆盖厚度5cm修复效果更好(马保国等,2014)。但是仍需野外现场实验进行进一步检验,并搭配作物栽培实验对结果进行验证。

表6-2 淮南、淮北煤矸石复垦土壤肥分含量表

采样地点	复垦时间	土壤层(cm)	有机质(g/kg)	碱解氮(mg/kg)	速效磷(mg/kg)	速效钾(mg/kg)	酸碱性pH	盐分(g/kg)
淮北岱河矿	20世纪80年代	0~20	16.7	99.8	7.4	105.4	7.28	0.32
		20~40	24.3	67.4	6.4	86.4	7.51	0.39
		40~60	26.8	56.8	4.4	68.3	7.66	0.47
	20世纪90年代	0~20	18.9	89.5	8.3	98.2	7.37	0.26
		20~40	22.4	60.2	5.0	78.3	7.66	0.29
		40~60	13.6	46.9	3.8	70.5	7.81	0.37
淮南潘一矿	2005年后	0~20	8.45	56.49	27.21	112.87	7.97	
		20~40	5.68	54.41	21.37	105.46	8.11	
		40~60	5.46	51.71	15.52	109.79	8.09	
		60~80	4.14	50.82	15.16	103.66	8.48	
		80~100	4.84	44.27	15.21	99.61	8.69	

注:淮北岱河矿数据来源于李清芳(2005);淮南潘一矿数据来源于何君(2013)。

表6-3 全国第二次土壤普查养分分级标准

级别	有机质(g/kg)	碱解氮(mg/kg)	速效磷(mg/kg)	速效钾(mg/kg)
1 较丰富	>40	>150	>40	>200
2 丰富	30~40	120~150	20~40	150~200
3 中等	20~30	90~120	10~20	100~150
4 缺乏	10~20	60~90	5~10	50~100
5 较缺乏	6~10	30~60	3~5	30~50
6 极缺乏	<6	<30	<3	<30

3)粉煤灰充填复垦

粉煤灰为碱性,pH值范围是8.16~9.22。粉煤灰充填复垦土壤中磷、钾元素较为丰富,但是有机质和碱解氮的含量较少。表6-4反映了淮南上窑灰场粉煤灰复垦土壤的肥分含量,复垦区经过近十年耕作,碱解氮和有机质含量仍低于正常地块,处于缺乏—极缺乏水平,因此

需增加氮肥和有机肥等肥料增加土壤养分,尽快恢复土地使用功能。

表 6-4 淮南上窑灰场粉煤灰复垦土壤肥分含量表

采样地点	复垦时间	土壤层(cm)	有机质(g/kg)	碱解氮(mg/kg)	速效磷(mg/kg)	速效钾(mg/kg)	pH 值
淮南上窑灰场	2005 年左右	0~20	1.61	37.08	32.28	163.21	8.12
		20~40	1.41	22.94	30.33	125.58	8.41
		40~60	1.13	20.75	21.99	153.16	8.71
		60~80	1.09	15.17	30.15	165.21	9.04

注:数据来源于何君(2013)。

粉煤灰中重金属含量相对较高,从淮南上窑灰场粉煤灰复垦土壤重金属检测结果来看:Cr、Zn 的含量低于淮南土壤背景值;Cu、Pb、Ni 含量虽然为淮南土壤背景值的 1~2 倍,但是基本在土壤重金属含量一级标准左右;而 Cd 含量虽处于国家规定的土壤二级标准范围之内,但是远远高于淮南土壤背景值和中国土壤背景值,为中国土壤背景值的 3~5 倍、淮南土壤背景值的 6~9 倍,对土壤的环境质量还是会有一定影响。因此,应重点加强对粉煤灰中 Cd 的去除。

4) 河湖泥沙复垦充填

泥沙充填复垦技术主要是通过输沙管道将河、湖泥沙输送到待复垦采煤沉陷区,并辅以土地平整等传统复垦方法对采煤沉陷区进行综合治理。复垦工艺流程见图 6-1(胡振琪,2015),技术主要包括采沙、输沙和填沙 3 个关键阶段。在采沙阶段根据河湖的水势、滩区分布情况选择取沙场及取沙设备;在输沙阶段根据待复垦区域的空间位置选择合适的管材和管径,设计流量及输水含沙量,并铺设输沙管道、设置加压泵站;在填沙阶段根据待复垦区域的沉陷和积水情况选择恰当的复垦及排水方式[中国矿业大学(北京),2013]。

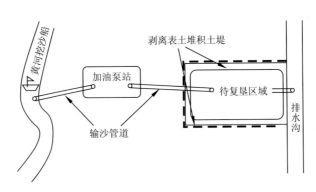

图 6-1 河湖泥沙复垦工艺流程(据胡振琪等,2015)

目前,黄淮海平原部分矿区对黄河泥沙充填复垦技术进行了积极探索,将它作为解决人多地少问题的有效尝试,并已分别在济宁市梁山县大路口乡和德州市齐河县邱集煤矿建立了引黄充填复垦示范基地,取得了初步成效。复垦工程实施过程见图 6-2,复垦前后景观对比见

图6-3。其中,梁山县大路口乡引黄充填工程于2011年2月启动,至2011年7月工程完成时增加有效耕地面积达730余亩;邱集煤矿塌陷地整治工程于2011年底启动,工程分3期完成,至2012年底一期工程完成时增加有效耕地面积达800余亩。

图6-2　引黄充填复垦工程实施过程(据杨光华,2014)

图6-3　黄河泥沙充填复垦前后景观对比(据胡振琪等,2015)

2. 挖深垫浅

适用于塌陷深度较大(3.5m以上)、地下水已出露或周围土地排水汇集,造成永久性积水的地块,此时原有陆地生态系统已转变为以水域生态系统为主。该方法将挖塘与造地二者相结合,使用挖掘机械将塌陷较深的区域继续深入挖掘,形成"挖深区",用来发展水产养殖(水塘或鱼塘)或改造成水库、泄洪区等,同时将取出的土体充填到塌陷较浅的区域,形成"垫浅区",

作为道路、建筑或是农业用地,以达到合理利用土地的目的。这种方法利用开采沉陷形成积水的有利条件,把沉陷前单纯的种植型农业变成了种植、养殖相结合的生态农业,经济效益、生态效益十分显著。

这种技术操作较简单,适用性较广,特别是在华东、华北各矿区土地复垦中广泛应用。但该方法对土地资源易造成破坏,导致土壤生产力变差,因为挖深垫浅实际上还是用当地土壤进行复垦,在机械化操作的过程中打破了土壤原有的排列结构,地表熟土层与生土层混合,土壤经机械碾压孔隙度变小,透气性不良,需要几年的耕作调整逐步恢复土地的适耕性,其技术的推广需因地制宜。

该方法在山东济宁市采煤塌陷地治理中比较常见,如兖州市、邹城市、任城区、微山县、曲阜市等均有应用。原因是这些地区地下水位较高,地下煤层较厚,煤层采出后地面易形成常年积水区,而且没有与采出煤炭等量的充填物,符合挖深垫浅法的适用条件。该方法在济宁地区塌陷治理中的运用是将塌陷深处的泥土挖出,垫到浅处,分别整成鱼塘和台田。有些地块若积水较浅,也可整成藕池、稻田。这种治理方法投资省、见效快,而且能带动当地的农业结构调整。

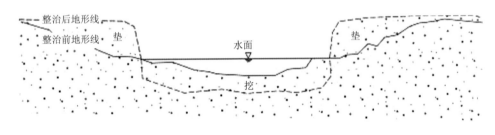

图 6-4 挖深垫浅剖面图

3. 削高填洼

在地形起伏较大未积水的塌陷变形区域,将高凸地势处的土体铲运到地形低洼处,用来填补塌陷程度相对较大区块的土方量以平整地面,机械整平后再用剥离的表土加以覆盖,最大限度地维持原土壤肥力。该措施一般用于塌陷深度在2m以内的塌陷区。深度塌陷区土方量缺口较大,需结合挖深垫浅、煤矸石充填措施或区外土方调运方式补充土体。其工艺流程如图6-5所示。

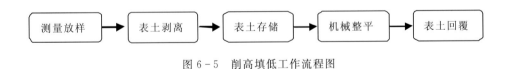

图 6-5 削高填低工作流程图

4. 积水疏排

积水疏排技术用于地下水埋深较浅、积水规模较小的轻度塌陷区,通过建立排水系统,降低潜水位并疏排塌陷坑汇集的小规模水体。排水系统包括排水沟系和蓄水设施、排水区外的承泄区和排水枢纽等部分。排水沟系按排水范围和作用分为干、支、斗、农4级固定沟道;蓄水设施可以是湖泊、坑塘、水库等（排水沟也可兼作蓄水用）；承泄区即通常说的外河；排水枢纽指排水闸、强排水电站等。

采煤塌陷地疏排法复垦，重点需防洪、除涝和降渍。防洪就是要防止外围未塌陷地段的地表径流或山洪汇入塌陷低洼地；除涝就是要排除塌陷低洼地的积水；降渍则是在排除积水之后开挖降渍沟或用其他方法将潜水位降至临界深度以下。

疏排法复垦属于非充填复垦，是华东、华北高潜水位矿区恢复塌陷土地农用的最有效方法之一。在疏排的同时，采取削高填洼、平整土地、配套水利设施等措施，营造新的耕地，整平后即可恢复耕种，基本可以保持原有地力。因此，疏排法与相应的配套措施配合使用，可减少复垦初期投入，提高复垦土地收益并保证复垦后稳产、高产。

5. 围堰分割

围堰分割法就是采用区内煤矸石或其他调配的岩土体回填筑埂，将塌陷洼地内形成的大面积水域分割成若干小水面以便综合利用的方法。

在塌陷地复垦时，综合分析采区位置、采区和工作面的布设方式、开采工艺等煤炭开采情况，优选复垦措施规划合理的复垦方案，实现最大的土地恢复率，并最小化地表损伤与复垦成本。

（二）地质体加固措施

采煤塌陷区内，加固的对象一般为采空区上覆岩土体、煤矸石堆及存在安全隐患的构（建）筑物等非稳定地质体，综合应用中主要表现在改变或加强地质体结构、补强岩土体结构、改造水文地质结构等。

1. 注浆措施

注浆技术措施是一项实用性较强的工程技术，可细分为充填浆液至采空区的充填注浆法、覆岩结构加固补强法、用以承受建筑荷载的灌注桩法等。具体应用时，在地面钻孔至工作区，用液压、气压或电化学方法注入充填材料，将地下空洞和覆岩裂隙用由水泥、粉煤灰、细砂等混合而成的浆液充填，消除变形空间。特别是对于高速公路穿越煤矿采空区的处治，应该根据高速公路工程自身特点与要求，紧密结合具体的煤田地质条件、开采工艺等因素，综合确定采空区的处治方法及技术标准，这对高速公路穿越矿区的建设十分重要（方磊等，2005）。

注浆充填法治理采空塌陷区在技术上可行，经济上合理，此方法在煤矿采空区的应用具有良好前景，能满足工程的需要，产生较好的社会经济效益。但是注浆充填法在理论及施工工艺等各方面仍存在不成熟之处，还需继续研究探讨。

2. 充填开采措施

充填开采是充分考虑地下开采与充填的耦合机制，实现采矿与采空区充填同步进行的一种充填加固技术。该措施消除了传统意义上的采空区，既可以安全开采"三下"煤炭资源，又解决了采空区瓦斯超限的安全问题，同时能处理大量的煤矸石和城市垃圾，而且可大大缓解传统采空区带来的应力集中问题。因此，以超高水材料充填、膏体充填、固体物充填为代表的充填技术在中国正在大面积推广，技术将逐步成熟。

3. 边坡加固措施

在塌陷区内，普遍存在塌陷坑边缘高低不平的台阶状地貌及松散物质（煤矸石、粉煤灰等）

堆积体。①塌陷坑边缘：针对浅度塌陷区进行复垦治理时，在区内实施土地整理的同时加固塌陷外缘，使边坡略向内倾以拦水保墒；积水较深时，需对岸坡做一定的土石加固与防护隔栏，降低水面侵蚀与落水危险；其他措施视具体治理工程而定。②松散堆积体受限于其组成特征，突出特征是整体性差、抗扰动能力低，易发生局部失稳，需对其坡形进行修正，并加固边坡。

此外，诸多新技术如 GIS 与 VR 技术在矿区工程治理规划中的应用，抗侵蚀与防渗漏材料的应用，不断丰富着工程治理技术措施。

二、生物措施配置

在塌陷区内普遍存在因人工-自然复合作用导致的土壤污染与破坏、植被损毁、水土流失等问题，生物治理措施以微生物的投放、乔灌木与草本植物的种植等方式改良土壤、改善生态环境，并可通过合理的植被空间配置提高生态修复景观的观赏性。

(一)土壤改良与修复

一则原地土壤因长时间塌陷变形导致大量营养元素流失，二则土地平整过程中调运充填大量未熟化的异地土体，三则煤矸石堆周边土壤遭受经由淋滤液与风化颗粒物携带矸石释出的重金属与多环芳烃等物质的污染，均会导致土壤的生产力下降。为了提高复垦土地的利用效率，需对土壤进行改良与修复。

1. 微生物技术

通过微生物技术的合理应用，可较好地恢复土壤活性，提高土壤肥力，调节 pH 值，优化理化性状，最终有效提升土壤的生产力。一是提高土壤微生物的代谢条件，利用微生物活化药剂与有机物的混合剂调配到适当比例喷洒或滴灌到贫瘠的土地；二是有针对性地增加高效微生物的生物量来加速土壤中污染物的降解。

此外，人造表土技术、菌根技术等诸多新技术也在逐步成熟，但大范围推广应用的经济成本高昂仍是一大阻碍。

2. 植物修复技术

植物修复技术是在土壤污染区种植耐贫瘠、生命力强的植物用于净化受污染的土壤。主要技术方法有植物挥发法(利用一些植物来促进重金属转变为可挥发的形态，进而从土壤和植物表面挥发)、植物萃取或富集技术(确定有特殊吸收富集能力的植物种或基因型，即重金属的"超富集体"，利用它们对重金属的吸收和在地上部分的积累，将植物收获灰化处理后即可将相应重金属移出土体)和植物稳定或固化技术(利用某些植物根系的生物活性，如活跃的酶系统或微生物系统来改变某些重金属的化合价，降低其可溶性和生物毒性)。

(二)植被营造

绿化植物作为生态重建不可或缺的元素，具有多重功效。首先是具有美化和欣赏功能，广泛用于湿地公园景观营造与道路、湖岸的绿化带建设；其次是作为改良土壤、修复生态环境的先锋，具有萃取、富集及固化重金属的功能；最后，大面积经济林或生态林的种植，可有效治理变形地面严重的水土流失，改善生态环境。

为保证植物的成活率、治理的有效性，需根据当地的自然气候条件、岩土的成分和性质，并考虑植物的抗旱性、抗寒性、耐贫瘠性、生长发育速度和一定的土壤改良特性，选择最优的乔木、灌木及草本等植物组合对治理区进行覆绿。

1. 坡地水保林

在厚煤层发育的矿区可形成落差较大的塌陷陡坡,为缓解降水侵蚀,营造绿地环境,可在坡地建设水保林。对坡度在25°以上的陡坡修建鱼鳞坑,栽种阔叶乔木树种,沟埂外坡种植灌木;坡度15°～25°的坡地,可采用水平梯田、反坡梯田等平整土地,沿等高线布设林带实行乔、灌、草混交和针阔混交;坡地在15°以下,可修建梯田或挖种植壕,发展经济林和果、茶园,并套种绿肥。

2. 岸带防护林

一般在积水区岸缘边2～3m种植林草形成绿化带,目的在于固定岸带,滞缓地表径流,防治溯源侵蚀。岸带防护林可采用乔、灌、草混交形式,需结合地区气候条件选择根系发达的树种,如杨、柳、紫穗槐、白蜡、胡枝子等。

3. 经济林与生态林

采煤塌陷破坏了原生生态系统的平衡,在人工与自然复合作用下大面积植物遭到破坏。为了尽快修复生态环境,可在修复后的土地上大面积栽植林地。为了提升经济效益,生态林地可选用桃树、杏树、果树等高价值树种或快速生长用作建材、造纸原料的经济树种,一方面使塌陷区快速大面积地覆绿,另一方面培育塌陷地的经济潜能。

第二节 对不同塌陷深度治理措施的优化配置

一般从塌陷深度、水文地质条件和地面稳定性3个方面来划分塌陷地面破坏类型,可认为研究区在浅表层空间边界范围内具有广泛统一的水文地质条件。前已述及本书研究的是稳沉区地质环境治理,从而可依据塌陷深度将塌陷地划分为浅度塌陷区、中度塌陷区及深度塌陷区。下面基于研究区采煤塌陷影响范围广、易积水、地裂缝广布等特点,分别对3类地面破坏区域的治理措施进行优选配置。

一、浅度塌陷区治理措施

浅塌陷区是指煤层厚度在3m以下,采空后地面塌陷在2m以内的塌陷区。地貌破坏特征主要表现为地形稍倾斜,流经水系、道路、农田排灌设施等发生局部破坏,地表无或存在少量季节性积水。该区域一般处于塌陷中心外围,面积大、范围广,在中国人多地少的现实条件下,综合运用挖深垫浅、削高补低、疏排积水等工程措施及改良土壤的生物措施进行土地复垦是当前最为适宜且广泛应用的治理方法,具体措施如下。

1. 削高填洼

疏排局域塌陷地的季节性积水,剥离表层土,然后将高凸地势处的土体铲运到地形低凹处,缺口土方量可取用煤矸石或区内其他固体废弃物,整平后再用剥离的表土加以覆盖,最大限度地维持原土壤肥力。

2. 修缮农田基础设施

对农田水利排灌设施、田间道路、桥涵等加以修复,或者根据复垦格局的调整来重新配套相关设施,保障现代农业生产的需要。

3. 土壤改良与修复

塌陷区内土地广泛发育地裂缝，土体结构松散，营养物质流失严重，平整后生产力有较大程度的下降，把复垦土地恢复为种植粮食作物或蔬菜、水果等的高价田需施肥熟化，若有更高土壤活性的要求则需引进生物技术进行改良。

中国人均占有耕地仅 1.19 亩，不足世界人均耕地的 1/4，依照"宜农则农"原则将破坏的土地恢复成耕地或蔬菜、水果等种植形式的高价田是补充耕地的重要途径，也是中国土地复垦的基本政策。此外，在变形破坏相对较小的浅塌陷区复垦土地，工程技术较为简单，治理经验丰富，在改善矿区生态环境的同时，也可缓解人地矛盾、促进安定团结。如永城陈四楼塌陷治理区，以农田复垦为核心，取得了较好的综合治理效益，也得到了较高的群众认同度。

二、中度塌陷区治理措施

中度塌陷区是指煤层厚度在 3～5m 之间，地面沉降介于 2～4m 的采煤塌陷区。地貌破坏特征主要表现为落差较大的斜坡地或波状地面，面积较大的季节性积水区并伴有小规模常年积水区，农田基础设施、田间道路、建筑物等地物破坏严重。该区域宜采用渔、粮、禽等结合的综合农业形式进行治理，以工程措施为主，结合适当生物措施，进行合理的空间配置，以实现最大限度的治理效果和水土资源的有效利用。主要措施包括以下 3 种。

1. 斜坡地复垦

对积水区周边的陡坡、斜坡地划方整平，恢复成耕地，建设中低产田或高价值经济田，如种植大棚蔬菜、瓜果等，或栽植坡地水保林防范水土流失，具体工程措施与浅塌陷区的土地复垦相同。

2. 建设鱼塘

应用挖深垫浅技术将塌陷较深的积水区深入挖掘，形成"挖深区"，用来建设鱼塘发展水产养殖，同时将取出的土体充填到水上地形低洼区。

3. 畜禽养殖及加工

在进行渔业养殖的同时，发展畜禽养殖及加工业，形成一个以食物链为纽带的综合养殖基地，创建农—林—渔—禽—畜生态立体农业园区，以提高复垦的经济效益和土地利用效率。

综上所述，中度塌陷区以积水为限制条件，采取坡地复垦与积水区渔业养殖的综合开发性治理模式。为了提升经济效益，可适当降低农作物复垦规模，增建畜禽养殖区，形成以食物链为纽带的生态农业园，如唐山古冶治理区。

三、深度塌陷区治理措施

深度塌陷区是指煤层厚度在 5m 以上，采空后地面沉降在 4m 以上的塌陷区。地貌破坏特征主要表现为落差较大的陡坡和大面积的常年积水塌陷坑，生态环境与地面设施遭到极大破坏。

1. 大水面综合利用

利用围堰分割法分割大面积塌陷积水区，采用煤矸石回填筑埂，将大面积水域分割成若干小水面，以便鱼类、水禽的放养与捕捞及水域多种形式的综合利用，如培植水生植物、利用网箱养鱼、建立水禽(鸭、鹅等)基地等,同时配套建设排灌设施及交通道路。该治理模式的实质即是中度塌陷区生态养殖模式的扩大形式。

2. 建设湿地公园

随着社会环保意识的增强和人民生活水平的提高,地质环境治理被赋予生态恢复、环境改善、文化重建和经济发展的多重期望与重任。在消除各种灾害和安全隐患的基础上,结合人文地理特征,引入园林造景工艺因地制宜建设湿地公园近年来多见于深度塌陷积水区。湿地公园以重建、开发湿地湖泊景观及水生植物为主,可供游览、娱乐、休闲,具备一定研究价值和教育功能,经济效益较为突出。同时,利用湿地水体中微生物和植物降解、吸收、截留水体中的污染物来实现污水的高效净化,是生物修复污水的重要技术之一,可为矿区疏排水及周边部分生活、生产废水增加净化途径。

综上所述,因深塌陷区积水面积广、深度大,充填恢复成耕地显然不现实,在经济较为发达、资金充裕且对优质生态环境有强烈需求的地区,可因地制宜地进行景观营造,建设湿地公园供民众游览休闲,如本书的邹城、淮南治理区。而若是寻求快速的经济成效,促进大量失地居民再就业,可利用围堰分割法将大面积塌陷积水区分割成若干个小水面进行综合利用。

第三节 煤矸石堆治理措施的优化配置

在塌陷区内,除因岩土体动态失稳导致的道路、河堤、输电线路等线性工程及大面积农田变形损毁外,还普遍存在多年堆积的煤矸石。煤矸石堆积在地面占用大片土地,破坏地貌景观,风化作用后可释放出大量毒害物质污染周边水土环境,且坡度较大结构不稳的煤矸石堆在一定外力作用下可发生重力滑塌,危害周边居民的人身财产安全,需进行综合整治。

一、矸石堆生态修复

煤矸石是塌陷区内的主要污染源。要控制煤矸石对周边环境的污染,应阻断大气降水、地下水等对矸石堆的直接溶滤作用,并限制嗜硫杆菌等微生物的生存,阻断毒害物质释出。

治理对策应着眼于改善堆积体自身稳定性,提升与周边环境的相容性,并恢复植被覆盖。客土覆盖是煤矸石堆生态修复应用最为普遍与成熟的手段,通过修整坡形使它与周边地貌吻合,采取坡面覆绿及地表排水措施,用以固坡且防范水土流失。该举措将有自燃、滑塌危险的"黑色疮疤"加固、覆绿,既能美化环境,也可减少渗滤液与风化颗粒物的产生与扩散。主要根据下列措施进行生态修复。

1. 矸石剥离

煤矸石堆平整过程中使用人工开挖和机械开挖相结合的方式进行矸石开挖剥离,采用自卸汽车运块石和运输车装填运石进行施工,剥离的矸石暂存于地势较高处。

2. 削坡和坡面整理

考虑边坡稳定性、绿化和矿山公园攀登游览的坡度要求,对煤矸石堆按坡率1∶3进行削坡并平整。采用挖掘机和推土机结合的施工方法对整形后的斜坡进行夯实,确保坡体的稳定,为后续草地和林地的恢复工程提供基础条件。

3. 覆土回填

煤矸石堆整理完成后,对矸石山表面进行耕植土回填,填至植物生长所需的土壤厚度。部分剩余土方做到场地内部土方平衡,营造微地形,美化景观的同时也可以减少土方外运所产生的成本。

4. 支挡工程

对于大型的煤矸石山,须在矸石堆外围周界存在安全隐患的地段设计挡墙支护,防止矸石滚落造成人员伤亡及道路破坏。

5. 排水工程

为了涵养水土,保护煤矸石堆的挡墙、道路等各类建筑工程设施,需修筑排水系统。排水系统主要分布在挡墙的墙趾外侧,防止降雨后坡流冲击路面和挡墙。同时,在煤矸石堆两侧布置横向的排水沟,用于汇集流向环山道路和挡墙的水流。

6. 景观绿化

对煤矸石堆坡面平整后,覆耕植土,种植草本、灌木和观景树。植物选择耐旱、适宜在煤矸石山生长的植物。应用海绵城市建设理念,按照低维护可持续发展原则指导下的技术要求,保留部分原生植被,种植地被类、农作物类经济性植物景观,适当片植、群植当地乔木,形成与周边环境相协调的自然景观。

二、煤矸石资源化利用

近年来随着技术的进步,因煤矸石含有多种化学成分、良好的物理性能及较高的可燃热值,将塌陷区内小规模堆放的矸石变废为宝作为多种资源加以利用成为解决其堆放与污染问题的重要途径,有助于提升煤矿区综合治理的经济效益。

煤矸石作为一种再生资源,其利用途径越来越广泛。煤矸石综合利用以大宗量利用为重点,将煤矸石发电、煤矸石建材及制品、复垦回填以及煤矸石山无害化处理等大宗量利用煤矸石技术作为主攻方向,发展高科技含量、高附加值的煤矸石综合利用技术和产品。目前中国对煤矸石的综合利用主要在以下几个方面(王本庆,2010)。

(1)利用煤矸石发电。中国已成功研制出煤矸石、煤泥混烧的循环流化床锅炉,解决了不同低热值燃料混合燃烧的技术难题。

(2)利用煤矸石制砖。目前中国煤矸石制砖工艺、窑炉设计、生产设备基本接近发达国家水平,煤矸石制砖企业正在向集约化、大型化发展,产品由实心砖向多孔砖和空心砖方向发展。

(3)利用煤矸石生产高附加值产品。中国已开发出煤矸石生产超细高岭土、生产无机复合肥和微生物有机肥料等技术,完善了利用煤矸石生产氯化铝和聚合氯化铝等化工产品、石棉及其制品、特种硅铝铁合金、铝合金等技术。

(4)回收有益矿产品。回收高岭土、硫铁矿,提取稀有稀土元素等。

(5)煤矸石生产复合肥料。鼓励利用煤矸石改良土壤,提高土壤的酸性和疏松度,增加土壤的肥力。

(6)此外,因煤炭开采产生大面积的不均匀地面塌陷,挖深垫浅、削高填洼等方式不足以补充土方量缺口,大量堆积的煤矸石可作为回填材料直接利用。利用煤矸石对塌陷区进行充填复垦取得了较好的社会效益和环境效益。

第四节 水土污染治理措施的优化配置

以煤炭开采为主体矿业的塌陷区内,煤矸石是水土环境的主要自然污染源。矸石经风化作用后可释放出大量毒害物质经降水淋滤液及大气漂浮颗粒物运移至周边土壤与出露水体中,降低甚至破坏土壤与水体的生产力。

一、水体污染修复

塌陷区水体主要是由塌陷坑周边地下潜水出露及大气降雨汇集而成,由地下水位变动、气候条件、地层岩性等决定其积水规模。煤矸石的主要成分有碳、氢、氧、硫、铁、铝、硅、砷、汞、铅、铜、锌、氟、氯等微量及痕量有害元素。矸石山的长期堆放,在雨水的淋溶过程中,部分有害元素会随雨水和采区疏排水转入地表和地下水体,构成对水体的污染,由于水体的迁移,还会使污染不断向周围扩大(杨秀敏等,2008)。毒性大的铅、镉、汞等,如进入水体,将对人体健康产生长远的不良影响,会引起急性或慢性中毒。

矿区水体污染治理一般的治理措施有源头控制法、人工湿地法、微生物法等。对于典型的采煤塌陷区水体污染的治理采用人工湿地法更为合理有效。人工湿地法是根据天然湿地净化污水的机理,由人工将砾石、砂、土壤及煤渣等材质按一定比例填入,并有选择性地种植有关植物,利用湿地水体中微生物和植物降解、吸收、截留水体中的污染物来达到降低水中重金属离子的效果。此项技术让矿区废水缓慢流经人为的植物群落,达到活体过滤的目的,是植物技术与微生物技术的综合应用。

二、土壤污染修复

煤矸石中的重金属元素,在雨水的淋溶下进入土壤,造成土壤的污染。煤矸石中主要的重金属元素为锌、铅、铜、镉等,许多煤矸石中的有害重金属含量高于土壤的相应成分含量,部分重金属含量甚至接近土壤的2倍。在长期的淋溶过程中,煤矸石中的重金属不断向周围土壤迁移富集,进入土壤的重金属,大都停留在土壤表层,并通过植物根系的摄取而迁移进入植物体内,再通过食物链进入人体或动物体内(杨秀敏等,2008)。煤矸石堆作为污染点源,随着距离由近及远,土壤中污染物浓度由高到低,受污染的土体围绕其周边分布,根据土质标准的不同确定治理界限。

土壤污染治理关键技术主要包括物理修复技术、化学修复技术和生物修复技术。工程实践中,一般应用生物修复技术中的植物修护技术,将耐贫瘠、生命力强的植物作为改良土壤、修复生态环境的先锋,利用植物的萃取、富集及固化土壤中重金属的功能,修复煤矸石堆周边受污染的土壤,提高土壤活性,恢复生产能力。

在此需要注意的是,本书对治理模式的优化配置是基于研究对象塌陷破坏的一般规律,受不同因素的制约与不同条件的组合,即使在同一地区其治理方式也并非单一,具体工程需因地、因时制宜。如不同地区地下潜水埋深不同,以中度塌陷为主的采煤区,在南方便可能形成较大面积的常年积水区,适宜以生态农业综合养殖模式治理,而在北方则可简单疏排小规模积水后进行土地复垦。另外,黄淮海平原因煤层展布条件好便于集中开采,煤矿区内一般同时存在较大规模的深、中、浅度塌陷区,治理项目实际可集基本农田再造、积水区综合养殖、生态环境修复与湿地景观开发于一体。

第五节 综合治理效果的监测技术与方法

在对一般的采煤塌陷区地质环境问题进行调查的基础上,布置合理科学的监测方案,主要利用 GPS、全站仪、水文孔、卫星影像等监测手段,对采煤塌陷区地质环境问题的参数和水土环境进行监测,掌握塌陷区的地质环境变化规律,检验采空塌陷区地质环境治理工程效果,对监测资料进行综合研究,指导后期的矿山地质环境治理工程。对于采煤塌陷区的监测工作来说,获取准确的监测数据是其中的关键环节。在本节中,主要从监测方法入手,来分别介绍不同的监测方法在采煤塌陷区监测中的应用。

一、遥感监测

（一）方法介绍

遥感技术是根据电磁波的理论,通过遥感影像信息,进行收集、处理、提取和应用有关对象信息的一种高效的信息采集手段,具有极高的时空分辨率。通过两个不同时间的遥感影像叠加对照,能够快速地获取动态变化信息。遥感具有以下几个方面的优点(刘书娟,2012)。

（1）同步观测性。利用传统的地面调查,要得到大面积同步数据是非常困难的,并且工作量很大。而利用遥感则可以通过大面积的同步观测得到同步信息,并且不受地形影响。

（2）快速时效性。通过遥感监测,可以在较短的周期内对同一区域进行多次监测。

（3）数据可比性。遥感技术的探测波段、成像方式、成像时间、数据记录等均可按要求设计,数据具有相似性或同一性,可比性较强。

（4）经济性。与传统方法相比,利用遥感技术投入的费用少,所取得的效益好,可以大大地节省人力、物力、财力。

（二）遥感技术在煤矿区监测中的应用

长时间的煤矿开采,对矿区土地及生态环境造成严重的破坏。煤矿建设之初、运输煤炭时平整道路及地下大面积采空造成的地表塌陷、裂缝等都会造成矿区原生植被及山体景观和区域环境的破坏,甚至在闭矿以后,矿区物质如岩体、煤体、水及气体与环境相互作用、相互影响,发生物理反应、化学反应、生物反应等,也会使矿区物质物理性质、力学性质、工程地质性质发生根本的变化,有可能造成潜在灾害(陈涛,2009)。本书主要介绍中等分辨率的 TM 卫星数据、中巴卫星数据,较高分辨率的 SPOT－5,以及更高分辨率的 IKONOS 等在矿区土地复垦监测中的应用。

1. 地形地貌信息

在原始地形地貌信息的获取过程可以用中等分辨率数据(TM 卫星数据、中巴卫星数据等),在监测区域开展调查和监测矿区的地形地貌信息。

2. 土地利用状况

对土地利用现状的监测中可以用较高分辨率的 SPOT－5 影像监测土地利用类型、数量和分布。SPOT－5 卫星拥有 3 种传感器,SPOT5 全色影像地面分辨率为 2.5m,而多光谱影像虽具有丰富的色彩信息,但地面分辨率仅 10m。一般情况用 SPOT－5 即可及时快速地进行监测。

3. 植被状况

IKONOS 的分辨率比 SPOT-5 更高,可以达到 1m,因此在对植被的种类组成、郁闭度、覆盖度和覆盖率进行监测的时候,可以选择时相较好的 IKONOS 数据进行监测。

4. 土地塌陷

可以对土地塌陷状况中裂缝的宽度和条数进行监测,从而得出裂缝密度;塌陷坑直径监测都可以通过遥感技术来进行。对于土地塌陷的监测,可以根据监测要求,选择 SPOT-5 或者是 IKONOS 进行监测。但是对于地表变形来讲,仅利用遥感数据很难全面获得。

(三)技术过程

1. 遥感数据选择

1)分辨率的不同

不同监测指标要求监测数据的精度不同。一般大范围的监测利用中等分辨率,而局部重点范围的调查则选用分辨率较高的数据。因此,在监测过程中可以首先采用中等分辨率遥感数据判断需要重点监测区域,而后用高分辨率数据进行调查。

2)时相的不同

由于遥感数据的精确度会受到天气的影响,同时也为了在数据处理时更容易分辨出不同波段数据,时相的选择也很重要。尤其对于北方地区来讲,如果要利用遥感监测地表植被种类,则应该选择一年中地表类型差异最明显时节的数据作为信息源,因为该时间段具有植被发育好、地表信息丰富的特点,有利于对植被因子的研判。

2. 遥感数据预处理

图像数据预处理是指将不同遥感数据波段进行彩色合成,通过辐射校正、几何校正和投影差改正等方法使不同数据源的遥感图像数据融合,得出较高质量的彩色影像。

3. 解译标志的建立

结合实地调查等成果,建立遥感数据的不同解译标志。

4. 信息提取方法

信息提取应用多光谱遥感数据,采取计算机自动分类和目视解译相结合的方法。同时可以依靠 GIS 平台,人机交互式解译,将影像调入 GIS 平台下,根据建立的解译标志,对各种复垦类型进行解译,形成矢量文件。

5. 监测数据的获取

对解译后的矢量文件进行修改编辑,形成最后的监测数据文件。

二、样地(监测点)监测

对于利用遥感技术较难获取的信息,可以通过设置样地(监测点),对样地(监测点)进行调查,实现对整个矿区某些指标的监测。

(一)样地(监测点)布设的原则

1. 全面性

全面性是指所布设的样地(监测点)可以涵盖整个监测区域,每个样地(监测点)能够反映所代表监测区域的指标特征。

2. 代表性

代表性是指所布设的样地(监测点)要包含区域内监测指标涉及到的所有内容。

3. 确定性

确定性是指所布设样地(监测点)在较短时间内具有相对确定性,便于长时间的动态监测。

4. 标识性

标识性是指所布设的样地(监测点)有一定标识,容易识别。

(二)不同样地(监测点)的监测

1. 采空区地面塌陷监测

对已经进入不稳定状态的潜在地面塌陷区和塌陷治理区进行垂向、水平塌陷变形和宏观拉裂变形的监测,可分析预测塌陷区的稳定性,指导防灾预警工作,为后期各项治理和建设工作提供可靠的依据。根据监测矿区的煤层产状和巷道分布情况,监测网(剖面)布设成网状,主剖面沿矿体倾向和走向布设,以主要村庄作为主要保护点,剖面尽量保证穿越村庄;在主剖面的基础上,沿主要道路布设辅助监测剖面。

进行地面塌陷监测有多种成熟的技术手段可采用,各种手段有其特点和优缺点(表6-5)。要和监测区实地情况相结合,选用符合当地实际情况的技术手段。

表6-5 塌陷变形监测方法对比分析

监测方法	适用情况	优点	缺点	初期投入	运行费用	自动遥测
GPS地表变形监测	能够接收到足够的GPS卫星信号	不要求通视,可进行全天候观测	受周围环境影响	高	中	可
全站仪地表变形监测	必须有光学通视,必须要有可见光,而且光线不能太弱	高精度,适应性强	属于近距离测量	中	中	否
水准仪地表沉降监测	需具备通视条件,距离不能太远	精度高可达毫米级	长距离引测控制点影响监测精度	低	中	否
近景摄影仪监测	适用于危险地形、地物的作业,适用于测量测点众多的目标	非接触,高度自动化	对控制点的数量及分布要求较高	高	中	否
激光扫描仪监测	适用于危险地形、地物的作业,适用于测量测点众多的目标	非接触,高精度,数据采集效率高	数据采集时前后景物相互遮蔽	昂贵	中	可
In-SAR监测	植被相对少的地区	可大面积监测	受天气及地形影响	高	低	可

2. 建(构)筑物变形监测

对因地面采空塌陷导致的建(构)筑物变形进行监测,便于随时掌握建(构)筑物的受影响程度,从而确保人民生命财产的安全。监测点应主要分布在监测区内的村庄、社区、铁路、公路、河堤和输电线路等处;对于已经查明变形的建(构)筑物应作为重点监测对象;建(构)筑物变形密集发生区,监测点应尽可能多设。对于建(构)筑物变形监测,主要是在房屋裂缝处安装裂缝报警器(图6-6),并进行量测。

3. 地表水监测

对采煤区地表水水质状况进行监测,查明煤矿开采以及周边居民生产生活污水等对矿区及周边区域地表水水质的影响及其变化趋势;同时对地表水位进行监测,随时掌握地表水位的动态,为该区域后期工程建设以及地表水资源的保护和治理提供

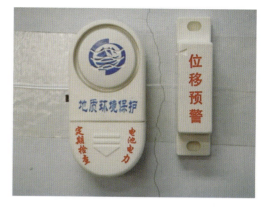

图6-6 裂缝报警器

依据。水质监测方法:通过采取水样,对其化学成分进行监测,重点对污染组分进行检测。对于在极短时间内会发生明显变化的化学指标,可采用多参数水质分析测定仪(图6-7)进行现场测试。水位监测方法:采取直立式水尺(图6-8),对地表水位进行定期监测,并做好记录工作。

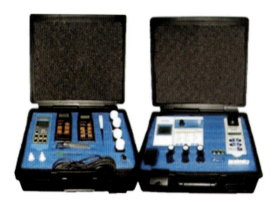

图6-7 多参数水质分析仪

图6-8 地表水位测量直立式水尺

水环境监测工程采样点(断面)布设应符合以下原则:①监测断面及监测点在总体和宏观上须能反映水系或所在区域的水环境质量状况;②各监测点的具体位置能反映所在区域环境的污染特征;③力求以较少的监测断面和监测点获取最具代表性的样品。

4. 地下水监测

对采煤区地下水水质状况进行监测,可查明治理区煤炭开采对矿区及周边区域地下水水质的影响及其变化趋势;同时对监测区地下水水位开展监测,为分析矿区地面塌陷变形及地裂缝成因与变化趋势提供相关资料和依据。水质监测方法:通过采取水样,对其化学成分进行监测,重点对污染组分进行检测。常用的水样采集仪器有Bailer采样器、惯性采样泵(图6-9)、地下水定深采样器(图6-10)、气囊泵以及地下水分层采样系统等。水位监测方法:通过地下水监测钻孔、机民井,进行各类各层地下水位监测。监测仪器可采用荷兰Eijkelkamp Agrisearch Equipment BV公司生产的DIVER水位计(图6-11),此外还有美国的In-situ和瑞士的Keller等各类先进水位监测仪。水位监测井同时也进行水量的监测。

图 6-9　惯性采样泵

图 6-10　地下水定深采样器

图 6-11　DIVER 水位计

地下水监测工程采样点（断面）布设应符合以下原则：①根据地下水类型分区与开采强度分区，以主要开采层为主布设，兼顾深层地下水。②地下水监测点布设应根据地下水流向、已有井孔分布情况进行。③力求以较少的监测断面和测点获取最具代表性的样品，全面、真实、客观地反映区域地下水环境质量及污染物的时空分布状况与特征。④采样井布设密度为主要供水区密，一般地区稀；污染严重区密，非污染区稀。

5.土壤环境监测

治理区内煤矸石以及生产生活垃圾露天堆放，它们含有的有毒有害物质通过雨水淋滤液、扬尘等途径渗入到周边土壤中，会对土壤环境造成严重污染。对监测区内的土壤污染、土壤侵蚀与肥分流失情况进行监测，主要查明监测区内煤矿开采对农田土壤的影响及其变化趋势。主要监测内容为土壤质量、土壤含水率、土壤侵蚀与肥力迁移情况。

通过采取土样，对其化学成分进行监测，重点对污染组分进行检测。具体分析方法是采用重量法、容重法、分光光度法、原子吸收法和色谱法等对土壤的物理指标（水分、孔隙度、容重和温度等）、化学指标（pH、硫酸根、硝酸根、重金属、氟化物等）进行检测分析。同时，采用 MODIS 多光谱数据对治理区土壤污染物的提取和污染物的分布范围及污染程度进行精确的评估。

土壤质量监测采样点布设应符合以下原则:①合理划分采样单元。土壤检测的面积往往比较大,需要划分成若干个采样单元,同时在不受污染影响的地方选择对照采样单元,同一单元的差别要尽量减小。②对于土壤污染监测坚持哪里有污染就在哪里布点,优先布置在污染严重、影响农业生产活动的地方。③采样点不应设在田边、沟边、路边、肥堆边,以及水土流失严重和表层土被破坏的地方。

土壤含水率的测定可选用 TRIME-PICO TDR 便携式土壤水分测量仪(图 6-12)。

对监测区不同边坡营养物进行监测,可查明不同岸坡的土壤肥力迁移情况。土壤肥力监测内容即矿区岸坡土壤营养物质的分布情况。土壤中营养物质检测指标为:全氮、有效氮;全磷、有效磷;全钾、速效钾;土壤有机质。在进行土壤肥力监测点布设时应合理划分采样单元,对于进行边坡绿化的区域要重点监测。岸坡监测断面标桩的结构及埋设示意图如图 6-13 所示。

图 6-12 TDR 型产品示意图

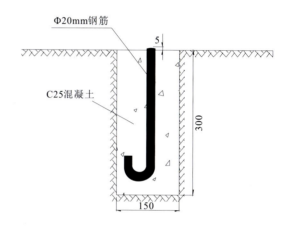

图 6-13 岸坡监测断面标桩的结构及埋设示意图

若治理区内大部分边坡为人工岸坡,则极易遭受水流侵蚀,破坏岸坡地形景观以及稳定性,并造成水土流失。故须对岸坡的侵蚀速度进行监测,查明监测区内边坡变化趋势,为后续的治理工程提供依据。

主要参考文献

敖卫华. 淮南煤田深部煤层煤级与煤体结构特征及煤变质作用[D]. 北京:中国地质大学(北京),2013.

白中科,郭青霞,王改玲,等. 矿区土地复垦与生态重建效益演变与配置研究[J]. 自然资源学报, 2001,16(6):526-530.

卞正富. 国内外煤矿区土地复垦研究综述[J]. 中国土地科学,2000,14(1):8-11.

补建伟,周建伟,李鑫,等. 邹城市太平采煤区土地塌陷现状及恢复治理对策初探[J]. 安徽农业科学,2013,41(9):4018-4020.

蔡运龙. 中国西南喀斯特山区的生态重建与农林牧业发展:研究现状与趋势[J]. 资源科学,1999,21(5):37-41.

柴波,李远耀,唐朝晖,等. 广西合山煤炭矿山地质环境风险研究[M]. 武汉:中国地质大学出版社, 2014.

陈龙乾,邓喀中,许善宽,等. 开采沉陷对耕地土壤化学特性影响的空间变化规律[J]. 土壤侵蚀与水土保持学报,1999,5(3):81-86.

陈龙乾,郭达志,许善宽,等. 兖州矿区采煤塌陷地状况与综合治理途径研究[J]. 自然资源学报, 2002,17(4):504-508.

陈奇. 矿山环境治理技术与治理模式研究[D]. 北京:中国矿业大学(北京),2009.

陈渠昌,张如生. 水土保持综合效益定量分析方法及指标体系研究[J]. 中国水利水电研究院学报, 2007,5(2):95-104.

陈胜华. 岩移参数的统计规律和影响因素[J]. 煤矿安全,2000(5):30-31.

陈涛. 神府煤矿区环境遥感监测与评价关键技术研究[D]. 北京:中国矿业大学(北京),2009.

陈挺. 决策分析[M]. 北京:科学出版社,1997.

陈伟,夏建华. 综合主、客观权重信息的最优组合赋权方法[J]. 数学的实践与认识,2007,37(1): 17-21.

陈祥恩,李德海,勾攀峰. 巨厚松散层下开采及地表移动[M]. 徐州:中国矿业大学出版社,2001.

陈祥恩. 厚松散层薄基岩下开采地表移动特征[J]. 煤炭工程,2001,(8):11-13.

陈云鹏. 水平煤层开采引起地面沉陷预测及控制效果研究——以府谷矿区西王寨煤矿为例[D]. 西安:长安大学,2012.

程明熙. 处理多目标决策问题的二项系数加权和法[J]. 系统工程理论与实践,1983,3(4):23-26.

崔丽娟,李伟,赵欣胜,等. 湿地岸坡恢复技术研究[J]. 世界林业研究,2011,24(3):16-20.

崔龙鹏,白建峰,史永红,等. 采矿活动对煤矿区土壤中重金属污染研究[J]. 土壤学报,2004,41(6): 896-904.

代巨鹏. 西北厚松散层矿区开采沉陷预计与可视化研究[D]. 西安:西安科技大学,2011.

戴尔·米勒. 美国的生物护岸工程[J]. 水利水电快报,2000,21(24):8-10.

戴红军,白林,孙涛,等.资源城市棕地生态治理综合效益评价——以淮南市大通采煤塌陷区为例[J].资源与环境,2014,30(12):1489-1493.

戴华阳,王金庄.非充分开采地表移动预计模型[J].煤炭学报,2004,28(6):583-587.

邓瑞芳,张永春,谷江波.人工湿地对污染物去除的研究现状及发展前景[J].新疆环境保护,2004,26(3):19-22.

邓智毅,郭俊廷,阎跃观,等.厚松散层条件下边界角和移动角求取方法[J].矿山测量,2011,01:61-63,78,4.

豆飞飞,李萍,朱嘉伟.永城市陈四楼煤矿土地复垦适宜性评价研究[J].中国农学通报,2013,29(17):192-197.

豆飞飞.平原煤矿采煤塌陷区土地综合整治技术研究[D].郑州:河南农业大学,2013.

杜时贵,翁欣海.煤层倾角与覆岩变形破裂分带[J].工程地质学报,1997,5(3):211-217.

樊治平.多属性决策的一种新方法[J].系统工程,1994,12(1):25-28.

方磊,郁犁.煤矿采空塌陷区注浆加固施工[J].施工技术,2005(S1):363-365.

付梅臣,陈秋计,谢宏全.煤矿区生态复垦和预复垦中表土剥离及其工艺[J].西安科技学院学报,2004,24(2):155-158.

高海燕,周建伟,柴波.合山市东矿矿区煤矸石淋滤液特征及其环境影响分析[J].安全与环境工程,2014,21(2):90-93,103.

高强,汪在芹,李珍.岩土坡面植被恢复及护岸技术研究[J].长江科学院院报,2005,22(2):25-28.

高彦生,姬宗皓,王鲁平.济宁市采煤塌陷地现状分析与治理研究[J].煤矿现代化,2009(S1):75-76.

高正文.德国成功的环境保护[J].创造,2002(7):46-47.

葛家新.兖州矿区地表移动规律及预测参数研究[J].地矿测绘,2004,20(1):7-8.

谷拴成,洪兴.概率积分法在山区浅埋煤层地表移动预计中的应用[J].西安科技大学学报,2012,32(1):45-50.

顾伟.厚松散层下开采覆岩及地表移动规律研究[D].北京:中国矿业大学,2013.

顾叶,宋振柏,张胜伟.基于概率积分法的开采沉陷预计研究[J].山东理工大学学报(自然科学版),2011,25(1):33-36.

郭广礼.老采空区上方建筑地基变形机理及其控制[M].徐州:中国矿业大学出版社,2001.

郭增长,谢和平,王金庄.极不充分开采地表移动和变形预计的概率密度函数法[J].煤炭学报,2004,29(2):155-158.

国家煤炭工业局.建筑物、水体、铁路及主要井巷煤柱留设与压煤开采规程[S].北京:煤炭工业出版社,2000.

郝延锦,吴立新.厚松散层条件下地表移动变形预计理论研究[J].矿山测量,2000(2):25-26.

何国清,杨伦,凌赓娣,等.矿山开采沉陷学[M].徐州:中国矿业大学出版社,1991.

何新华,陈力耕,何冰,等.铅对杨梅幼苗生长的影响[J].果树学报,2004,21(1):29-32.

贺林.乌鲁木齐矿区急倾斜煤层开采地表移动变形规律研究[D].西安:西安科技大学,2008.

洪雪晴.太湖的形成和演变过程[J].海洋地质与第四纪地质,1991,11(4):87-98.

侯俊.生态型河道构建原理及应用技术研究[D].南京:河海大学,2005.

侯运兵,绕运章,仲淑.矿业开发的生态环境综合整治评价指标研究[J].金属矿山,2004(S1):42-45.

胡振琪,王培俊,邵芳.引黄河泥沙充填复垦采煤沉陷地技术的试验研究[J].农业工程学报,2015,31(3):288-295.

胡振琪.采煤沉陷地的土地资源管理与复垦[M].北京:煤炭工业出版社,1996.

胡振琪.关于土地复垦若干问题的探讨[J].煤矿环境保护,1997,11(2):24-28.

胡振琪.露天矿土地复垦研究[M].北京:煤炭工业出版社,1995.

胡振琪.土地复垦学研究现状展望[J].煤矿环境保护,1996,10(6):23-25.

纪万斌.中国采煤塌陷生态环境的恢复及开发利用[J].中国地质灾害与防治学报,1998,9(增刊):47-51.

姜军,程建光.煤矿区资源开发与生态保护指标体系的建立[J].煤矿环境保护,2002,16(2):9-11.

金岚,王振堂,朱秀丽,等.环境生态学[M].北京:高等教育出版社,1992.

来平义.对煤矿采空区塌陷进行的分析[J].山西建筑,2009,35(15):102-103.

李炳玺,谢应忠,吴韶寰.湿地研究的现状与展望[J].宁夏农学院学报,2002,23(3):61-67.

李德海.厚松散层下条带开采技术研究[M].北京:中国科学技术出版社,2006.

李会巧.山区土地整理效益评价研究——以黔江区舟白镇县坝村土地整理项目为例[D].重庆:西南大学,2010.

李蕾.美国煤矿区农用地表土剥离制度[J].国土资源情报,2011(6):20-23.

李连济.煤炭城市采空塌陷及经济转型[J].晋阳学刊,2006(5):56-60.

李培现,谭志祥,邓喀中.地表移动概率积分法计算参数的相关因素分析[J].煤矿开采,2011,16(6):14-18.

李树华.利用绿化技术进行生态与景观恢复的原理与手法——以日本兵库县淡路岛"故乡之森"的营造为例[J].中国园林,2005(11):59-64.

李小倩,张彬,周爱国,等.酸性矿山废水对合山地下水污染的硫氧同位素示踪[J].水文地质工程地质,2014,41(6):103-109.

李艳红.寿光市湿地生态系统特征及健康评价研究[D].济南:山东师范大学,2004.

李远耀,唐朝晖,陈仁全.广西合山煤田浅埋煤层采空区塌陷机理数值分析[J].金属矿山,2014,43(3):26-30.

李媛媛.矿山生态恢复与补偿计算方法研究[D].长春:吉林大学,2009.

李智广,李锐,杨勤科,等.小流域治理综合效益评价指标体系研究[J].水土保持通报,1998,18(7):71-75.

梁留科,常江,吴次芳,等.德国煤矿区景观生态重建/土地复垦及对中国的启示[J].经济地理,2002,22(6):711-715.

梁淑娟,樊华,王利军,等.永定河生态护岸模式的适宜性观测研究[J].水土保持研究,2012,19(04):153-158.

梁威,吴振斌.人工湿地对污水中氮磷的去除机制研究进展[J].环境科学动态,2000(3):32-37.

林宾,王小勇,何胜勇.安徽省淮南市大通煤矿地面塌陷稳定性评价[J].安徽地质,2012(1):48-53.

刘宝琛,廖国华.煤矿地表移动的基本规律[M].北京:中国工业出版社,1965.

刘宝琛.矿山岩体力学概论[M].长沙:湖南科技出版社,1983.

刘昌明,王会肖.土壤—作物—大气界面水分过程与节水调控[M].北京:科学出版社,1999.

刘飞,陆林.采煤塌陷区的生态恢复研究进展[J].自然资源学报,2009,24(4):612-617.

刘国庆.准格尔旗煤田塌陷地生态修复研究[D].呼和浩特:内蒙古师范大学,2008.

刘婧.中国湿地资源研究综述[J].资源与产业,2007,9(4):21-23.

刘敬龙.平原采煤塌陷区生态治理研究——以济宁市为例[D].青岛:青岛大学,2009.

刘书娟.矿区土地复垦监测体系研究[D].北京:中国地质大学(北京),2012.

刘爽,柴波,刘倩.广西合山市煤矸石堆客土覆盖恢复植被研究[C]//中国水利学会2014学术年会论文集(下册).2014.

刘天泉.矿山岩体采动影响与控制工程学及其应用[J].煤炭学报,1995,20(1):1-5.

刘拓.中国土地沙漠化及其防治策略研究[D].北京:北京林业大学,2005.

刘文涛.采场覆岩移动流变模型及开采沉陷预计研究[D].太原:太原理工大学,2004.

刘亚琼,刘志强,苗群,等.人工湿地处理污水机理及效率比较[J].水科学与工程技术,2007,(6):40-42.

刘义新,戴华阳,郭文兵.巨厚松散层下深部宽条带开采地表移动规律[J].采矿与安全工程学报,2009,26(3):336-340.

刘义新,戴华阳,姜耀东,等.厚松散层大采深下采煤地表移动规律研究[J].煤炭科学技术,2013,41(5):117-120.

刘义新.厚松散层下深部开采覆岩破坏及地表移动规律研究[D].北京:中国矿业大学(北京),2010.

陆明生.多目标决策中的权系数[J].系统工程理论与实践,1986,6(4):77-78.

陆鑫.采煤塌陷地治理探究[J].工业技术,2012,5(上):53.

罗锋,柴波,周爱国.鄂东南大冶矿区地质环境影响性评价[J].工程地质学报,2015,23(3):580-588.

罗珉.管理学范式理论述评[J].外国经济与管理,2006,28(6):1-6.

麻凤海,王泳嘉.岩层移动动态过程的离散单元法分析[J].煤炭学报,1996,21(4):388-392.

马保国,胡振琪.污泥和粉煤灰覆盖煤矸石山防治污染的模拟试验研究[J].农业环境科学学报,2014(8):1553-1559.

马伟民,郝庆旺.华东地区巨厚含水冲击层对地表移动规律的影响及其机理分析[R].北京:中国矿业大学,1989.

马学慧,牛焕光.中国的沼泽[M].北京:科学出版社,1990.

煤炭科学研究院北京开采所.煤矿地表移动与覆岩破坏规律及其应用[M].北京:煤炭工业出版社,1981.

孟凡迪.巨厚松散层下地表移动规律研究[D].郑州:河南理工大学,2012.

缪协兴,钱鸣高.采场围岩整体结构与砌体梁力学模型[J].矿山压力与顶板管理,1995(3):3-12.

聂碧娟,林敬兰,赵全贞.水土保持综合治理效益评价研究进展[J].亚热带水土保持,2009,21(3):39-41.

钱莉莉.基于TCM方法的淮北市采煤塌陷湿地游憩价值评估[D].杭州:浙江工商大学,2011.

钱鸣高,刘听成.矿山压力及其控制[M].北京:煤炭工业出版社,1984.

钱鸣高,茅献彪.采场覆岩中关键层上载荷的变化规律[J].煤炭学报,1998,23(2):135-139.

钱鸣高,缪协兴.采场上覆岩层结构的形态与受力分析[J].岩石力学与工程学报,1995,14(2):97-106.

钱鸣高,缪协兴.岩层控制中的关键层理论研究[J].煤炭学报,1996,21(3):225-230.

钱鸣高,石平五.矿山压力与岩层控制[M].徐州:中国矿业大学出版社,2003.

乔冈,徐友宁,何芳,等.采煤塌陷区矿山地质环境治理模式[J].中国矿业,2012,21(11):55-58.

乔河,唐春安.岩爆及采动诱发岩体失稳破坏过程数值模拟研究[J].中国矿业,1997,6(6):48-50.

渠俊峰,李钢,张绍良.基于平原高潜水位采煤塌陷土地复垦的人工湿地规划——以徐州市九里人工湿地规划为例[J].节水灌溉,2008,(3):27-30.

任海.在变化的世界中创造变化——第19届国际恢复生态学大会简介[J].应用生态学报,2009(9):2314.

神克强.巨厚松散层下开采覆岩移动规律研究及应用[D].合肥:安徽理工大学,2009.

史彩霞.开采沉陷动态预计理论及其参数研究[D].郑州:河南理工大学,2010.

宋常胜,赵忠明,李洪波,等.巨厚松散层下条带开采地表沉陷机理及岩层移动模型的探讨[J].焦作工学院学报,2003,22(3):161-164.

宋光兴,杨德礼.基于决策者偏好及赋权法一致性的组合赋权法[J].系统工程与电子技术,2004,26(9):1226-1230.

宋洪柱.中国煤炭资源分布特征与勘查开发前景研究[D].北京:中国地质大学(北京),2013.

宋振骐,蒋金泉.煤矿岩层控制的研究重点与方向[J].岩石力学与工程学报,1996,15(2):128-134.

宋振骐.实用矿山压力控制[M].徐州:中国矿业大学出版社,1988.

苏凯峰.河南永城煤炭矿区环境地质问题及防治对策[J].中国地质灾害与防治学报,2014,25(1):77-81.

孙宝志.露天煤矿土地复垦及应用研究[D].阜新:辽宁工程技术大学,2004.

孙海运.山东济宁矿区复垦土壤理化特征及修复技术研究[D].北京:中国矿业大学,2010.

孙娇娇.淮南市采煤塌陷趋势预测及综合治理研究[D].合肥:安徽理工大学,2012.

孙岩.济宁煤矿塌陷区的生态恢复与治理研究[D].济南:山东大学,2006.

孙玉刚.灰色关联分析及其应用的研究[D].南京:南京航空航天大学,2007.

孙玉科,姚宝魁.中国岩质边坡变形破坏的主要地质模式[J].岩石力学与工程学报,1983,2(1):67-76.

谭志祥,邓喀中.综放面地表变形预计参数综合分析及应用研究[J].岩石力学与工程学报,2007,26(5):1041-1047.

汤伏全,姚顽强,夏玉成.薄基岩下浅埋煤层开采地表沉陷预测方法[J].煤炭科学技术,2007(6):103-105.

唐朝晖,柴波,罗超,等.矿山地质环境治理工程设计思路探讨——以广西凤山县石灰岩矿山为例[J].水文地质工程地质,2013,40(2):123-128.

滕永海,杨洪鹏,张荣亮.夹河煤矿深部开采地表移动规律研究[J].矿山测量,1998,4:3.

万佳文,唐朝晖,苏红瑞,等.基于判别分析法的中小型煤矸石堆稳定性评价[J].安全与环境工程,2015,22(6):84-89.

王本庆.浅谈煤矸石治理及资源化利用[J].科技情报开发与经济,2010,22:145-147.

王金庄,李永树.巨厚松散层下采煤地表移动规律的研究[J].煤炭学报,1997,8(1):98-101.

王景华,饶莉丽.华北平原化学元素的表生迁移[M].北京:科学出版社,1990.

王军强,陈存根,李同升.陕西黄土高原小流域治理效益评价与模式选择[J].水土保持通报,2003,23(6):61-64.

王连国,易恭猷.软岩巷道支护方案的数值模拟研究[J].煤,2000,9(4):4-7.

王树功.珠江河口区典型湿地景观演变及调控研究[D].广州:中山大学,2005.

王天祥,张文学,宋朝辉.兖州市采煤塌陷地生态治理模式探讨[J].山东国土资源,2011,27(9):29-30.

王雪湘,陈颢,陈秀梅.唐山市采煤塌陷区湿地效益分析[J].河北林业科技,2009(2):36-38.

王雪湘,赵国际,李秀云,等.采煤塌陷区湿地生物多样性保护研究[J].河北林业科技,2009,12(2):29-31.

王雪湘.唐山市采煤塌陷区湿地效益分析[J].河北林业科技,2009(4):36.

王岩.济宁市采煤塌陷地的治理问题研究[D].济南:山东大学,2010.

王应明.运用离差最大化方法进行多指标决策与排序[J].系统工程与电子技术,1998,20(7):24-26.

王颖.土壤生物工程在京郊示范区中生态修复的应用研究[D].北京:北京林业大学,2012.

王永辉,倪岳晖,周建伟,等.基于概率积分法的横河煤矿巨厚松散层下开采沉陷预测分析[J].地质科技情报,2014,33(4):219-224.

王永生,黄洁,李虹.澳大利亚矿山环境治理管理、规范与启示[J].中国国土资源经济,2006,19(11):36-37.

王振红,桂和荣,罗专溪.浅水塌陷塘新型湿地藻类群落季节特征及其对生境的响应[J].水土保持报,2007,(21):187-191.

魏强,柴春山.半干旱黄土丘陵沟壑区小流域水土流失治理综合效益评价指标体系与方法[J].水土保持研究,2007,14(2):87-89.

温冰,周建伟,王永辉.国外矿山公园建设的启示[J].矿业研究与开发.2014.34(3):82-86,98.

吴长淋.人工湿地处理含重金属废水的研究现状及展望[J].化学工程师,2009(3):38-41.

吴立新,王金庄,刘延安,等.建(构)筑物下压煤条带开采理论与实践[M].徐州:中国矿业大学出版社,1994.

吴若飞.基于抗差估计的概率积分法的预计参数模型研究[J].煤炭技术,2009,28(9):167-168.

武强,陈奇.矿山环境问题诱发的综合环境效应研究[J].水文地质工程地质,2008(5):81-85.

武强,陈奇.矿山环境治理模式及其适用性分析[J].水文地质工程地质 2010,37(6):91-96.

武强,刘伏昌,李铎,等.矿山环境研究理论与实践[M].北京:地质出版社,2005.

武强.中国矿山环境地质问题类型划分研究[J].水文地质工程地质,2003,14(5):107-111.

武胜林,刘文锴,张合兵,等.焦作市煤矿塌陷地生物复垦技术研究[J].北京工业职业技术学院学报,2002(1):23-27.

夏继红,严忠民.国内外城市河道生态型护岸研究现状及发展趋势[J].中国水土保持,2004(3):20-21.

夏征农.辞海[M].上海:上海辞书出版社,1999.

肖美英.遥感技术在河北省唐山市地面变形灾害调查中的应用研究[D].长沙:中南大学,2007.

肖武,胡振琪,高杨,等.井工煤矿山边采边复过程中表土剥离时机计算模型构建及应用[J].矿山测量,2013(5):84-89.

肖武,王培俊,王新静,等.基于GIS的高潜水位煤矿区边采边复表土剥离策略[J].中国矿业,2014,23(4):97-100.

肖兴富,李文奇,常佩丽,等.棕榈纤维垫法恢复水库岸边植被施工技术[J].南水北调与水利科技,

2005,3(4):26-28.

谢李娜,周建伟,郝春明,等.湘中锡矿山北矿区地下水化学特征及污染成因[J].地质科技情报,2016,35(2):197-202.

谢李娜,周建伟,徐文.澳大利亚尾矿治理现状及先进技术综述[J].环境工程,2015,33(10):72-76.

邢继波,王泳嘉.离散元法的改进及其在颗粒介质研究中的应用[J].岩土工程学报,1990,12(5):51-57.

幸宏伟,郑莉.基于园林土壤肥力的生态修复——以重庆南温泉公园为例[J].湖北农业科学,2012,51(21):4759-4762.

徐鼎平.FLAC/FLAC3D 基础与工程实例[M].Reno Nevada:Dyno Media Inc.,2009.

徐恒力,等.环境地质学[M].北京:地质出版社,2009.

徐恒力,冯全洲,宁立波.煤矿山地质环境问题一体化治理研究[M].北京:地质出版社,2010.

徐恒力,孙自永,马瑞.植物地境及物种地境稳定层[J].地球科学——中国地质大学学报,2004,29(2):239-246.

徐守国,郭辉军,田昆.全球三大生态系统之一的湿地[J].生物学教学,2007,32(3):4-5.

徐永圻.煤矿开采学[M].徐州:中国矿业大学出版社,1999.

徐友宁.中国西北地区矿山环境地质问题调查与评价[M].北京:地质出版社,2006.

徐泽水,达庆利.多属性结合的组合赋权方法研究[J].中国管理科学,2002,10(2):84-87.

徐志平.唐山市区工程地质环境评价分区及治理对策[D].唐山:河北理工大学,2009.

许家林.岩层移动与控制的关键层理论及其应用[D].北京:中国矿业大学,1999.

许木启,黄玉瑶.受损水域生态系统恢复与重建研究[J].湖泊科学,1998,18(4):547-558.

许树柏.层次分析法原理[M].天津:天津大学出版社,1988.

宣家骥.多目标决策[M].长沙:湖南科学技术出版社,1989.

鄢继选.巨厚松散层条件下地表移动变形动态预报[D].淮南:安徽理工大学,2010.

闫根旺,李德海.巨厚松散层下条带开采地表移动特征[J].中州煤炭,2002(5):1-3.

严鸿和.专家评分机理与最优综合评价模型[J].系统工程理论与实践,1989,9(2):19-23.

阎允庭,陆建华,陈德存,等.唐山采煤塌陷区土地复垦与生态重建模式研究[J].资源·产业,2000,7:15-19.

颜荣贵.地基开采沉陷及其地表建筑[M].北京:冶金工业出版社,1995.

杨光华.高潜水位采煤塌陷耕地报损因子确定及报损率测算研究[D].北京:中国矿业大学(北京),2014.

杨梅忠,任秀芳,于远祥.概率积分法在煤矿采空区地表变形动态评价中的应用[J].西安科技大学学报,2007,27(1):39-42.

杨瑞卿.采煤塌陷区人工湿地的可持续景观规划——以徐州市九里湖人工湿地为例[J].中国农村水利水电,2011(5):46-49.

杨秀敏,胡桂娟,李宁,等.煤矸石山的污染治理与复垦技术[J].中国矿业,2008,6:34-36.

杨叶.以湿地系统为核心的矿区生态改造——以唐山南湖生态区为例[D].天津:天津大学,2008.

叶东疆,占幸梅.采煤塌陷区整治与生态修复初探——以徐州潘安湖湿地公园及周边地区概念规划为例[J].中国水运,2011,11(9):242-243.

易红清,唐朝晖,柴波,等.凤山县城区石灰岩矿山岩壁阴刻角优化设计[J].科学技术与工程,2015,

15(6):278-284.

殷康前,倪晋仁.湿地研究综述[J].生态学报,1998,18(5):539-546.

于保华,朱卫兵,许家林.深部开采地表沉陷特征的数值模拟[J].采矿与安全工程学报,2008,24(4):422-426.

于广明,杨伦.非线性科学在矿山开采沉陷中的应用(1)[J].阜新矿业学院学报,1997,16(4):385-388.

于楷.地表移动规律及与上覆岩层运动的相关研究[D].合肥:安徽理工大学,2011.

于少鹏,王海霞,万忠娟,等.人工湿地污水处理技术及其在中国发展的现状与前景[J].地理科学进展,2004,23(1):22-29.

余华中,李德海,李明金.厚松散层放顶煤开采条件下地表移动参数研究[J].焦作工学院学报(自然科学版),2003,6:413-416.

余学义,张恩强.开采损害学[M].北京:煤炭工业出版社,2004.

曾曙才,陈水莲,曹珍.中国湿地资源特征、研究现状与保护对策[J].广东林业科技,2008,24(1):88-92.

翟树纯,刘辉,何春桂.基于概率积分法的非充分采动地表沉陷预计[J].煤矿安全,2012,43(6):29-31.

张桂荣,赵波,饶志刚,等.土质岸坡生态防治技术研究[J].郑州大学学报(工学版),2012,33(5):87-91.

张宏贞,邓喀中,谭志祥.老采空区注浆充填理论研究[J].河南理工大学学报(自然科学版),2005,24(1):13-17.

张甲耀,夏盛林.潜流型人工湿地污水处理系统氮去除及氮转化细菌的研究[J].环境科学学报,1999,19(3):323-327.

张黎明,周建伟,柴波,等.合山煤矸石堆周边土壤中多环芳烃的空间分布特征[J].生态与农村环境学报,2014,30(5):652-657.

张连杰,李永清.拐点偏移距的求取方法[J].陕西煤炭,2011(6):124~125.

张秋霞,周建伟,林尚华,等.淄博洪山、寨里煤矿区闭坑后地下水污染特征及成因分析[J].安全与环境工程,2015,22(6):23-28.

张文杰.城市河道生态护岸技术研究现状与展望[J].价值工程,2011(28):323-324.

张新时.关于生态重建和生态恢复的思辨及其科学涵义与发展途径[J].植物生态学报,2010,34(1):112-118.

张修桂.太湖演变的历史过程[J].中国历史地理论丛,2009,24(1):5-8.

张银洲,王鹏飞,杨喆.采空区地表变形与采深采厚比关系探讨[J].陕西煤炭,2011,30(4):19-21.

张饮江,金晶,董悦,等.退化滨水景观带植物群落生态修复技术研究进展[J].生态环境学报,2012(07):1366-1374.

张宗祜.华北平原地下水环境演化[M].北京:地质出版社,2000.

章莉.采煤塌陷区景观恢复——唐山南湖生态城大南湖景观规划设计[D].北京:清华大学,2009.

赵广琦,崔心红,张群,等.河岸带植被重建的生态修复技术及应用[J].水土保持研究,2010,17(1):252-258.

赵辉,蔡树伯,刘金来.植物护岸工程技术应用研究[J].现代农业科技,2010(17):248-250.

赵腊平.关于新常态下中国矿业走出困境路径选择的思考[N].中国矿业报,2015-12-26.

赵仕玲.国外矿山环境保护制度及对中国的借鉴[J].中国矿业,2007,16(10):35-38.

赵玉霞,杨居荣.采煤塌陷地复垦的环境经济分析——以开滦煤矿为例[J].环境科学学报,2000,20(2):214-218.

赵占军.重庆市长寿区城市河岸生态修复技术研究[D].北京:北京林业大学,2011.

郑德戈,谢修平,林山华.生态混凝土护坡及灌注型植生卷材绿化工法在水利工程护岸中的应用[J].水利水电技术,2012,43(02):26-29.

郑雅杰.人工湿地系统处理污水新模式的探讨[J].环境科学进展,1995,3(6):1-8.

中国矿业大学(北京).远距离引黄河泥沙充填复垦采煤沉陷地的方法:中国,CN103255762A[P].2013-08-21.

周爱国,蔡鹤生.地质环境质量评价理论与应用[M].武汉:中国地质大学出版社,1998.

周爱国,孙自永,马瑞.干旱区地质生态学导论[M].北京:中国环境科学出版社,2007.

周爱国,周建伟,梁合诚,等.地质环境评价[M].武汉:中国地质大学出版社,2008.

周辰昕,李小倩,周建伟.广西合山煤矸石重金属的淋溶实验及环境效应[J].水文地质工程地质,2014,41(3):135-141.

周富春,金旺,孙阳.矿山环境治理效益评价方法及实证分析[J].环境工程,2013,31(1):85-88.

周国铨,崔继宪,刘广容.建筑物下采煤[M].北京:煤炭工业出版,1983.

周锦华,胡振琪,高荣久.矿山土地复垦与生态重建技术研究现状与展望[J].金属矿山,2007(10):11-13.

周群.采煤塌陷地致灾机理及恢复治理研究——以肥城市为例[D].秦安:山东农业大学,2005.

朱棣,聂晶,王成,等.一种新型的人工湿地生态工程设计——以山东省南四湖为例[J].生态学杂志,2004,23(3):144-148.

朱笑虹,孙棋锋.湿地研究综述[J].江西林业科技,2007(3):47-49.

朱志强.厚松散层下条带开采地表下沉规律研究[D].青岛:山东科技大学,2008.

祝廷成,钟章成,李建东.植物生态学[M].北京:高等教育出版社,1988.

邹友峰,邓喀中,马伟民.矿山开采沉陷工程[M].徐州:中国矿业大学出版社,2003.

《工程地质手册》编委会.工程地质手册[M].北京:中国建筑工业出版社,2007.

阿维尔辛 C T.煤矿地下开采的岩层移动[M].北京:煤炭工业出版社,1959.

Bauer E G. Movements Associated with the Construction of a Deep Excavation[C]//Proceedings of the 3rd International Conference. Pentech Press,1985.

Bell F G,Bruyn I A D. Subsidence problems due to abandoned pillar workings in coal seams[J]. Bulletin of Engineering Geology and the Environment,1999(57):225-237.

Beven K,German P. Macropores and water flow in soils[J]. Water Resources,1982,18:1311-1325.

Bouma J. Soil morphology and preferential flow along macropores[J]. Agric. Water Manage. ,1981,3:235-250.

Cairns J,Dickson K L,Herricks E E. Recovery and restoration of damaged ecosystems[M]. Charlottesville University Press of Virginia,1977.

Cairns J. The recovery process in damaged ecosystems[M]. Ann Arbor:Ann Arbor Science Publishers,Inc. ,1980.

Campo J J,Sanzgiri S M,Moore G H. Offshore platform foundation design and Special structural provisions for significant soil Subsidence[C]//Proceedings of the Second International offshore and

Polar engineering Conference. International Society of Offshore and Polar Engineers(ISOPE), 1992.

Coetzee M J. FLAC Basics[M]. Minneapolis:Itasca Consulting Group Inc. ,1993.

Crowe A. Quebec 2000:Millennium Wetland Event Program With Abstracts [C]. Quebec,Canada, Elizabeth MacKay,2000:1 − 256.

Dancer W S,Handley J F,Bradshaw A D. Nitrogen accumulation in kaolin mining wastes in Cornwall [J]. Plant and Soil,1977,48(1):153 − 167.

Darmody R G. Coal mine subsidence:The effect of mitigation on crop yields[C]// Proceedings of subsidence workshop due to underground mining. Kentucky,22 − 25,Jun. 1993:182 − 187.

Deborah A,Cam P. A comparison of created and natural wetlands in Pennsylvania USA[J]. Wetlands Ecology and Management,2002,10:41 − 49.

Evans K G,Aspinall T O,Bell L C. Erosion prediction models and factors affecting the application of the Universal Soil Loss Equation to post − mining landscapes in Central Queensland[C]// Queensland Coal Symposium,Brisbane,Aust,1991:123 − 132.

Gale M R,Grigal D F. Vertical root distribution of northern tree species in relation to successional status[J]. Canadian Journal of Forest Research ,1987,17:829 − 834.

Gray R E. Mining subsidence − past,present,future[J]. International Journal of Mining and Geological Engineering,1990,8:400 − 408.

Harrison P A,Berry P M,Holman I P. Impacts of socio − economic and climate change scenarios on wetlands:linking water resource and biodiversity meta − models[J]. Climatic Change,2006,90: 113 − 139.

Henry C P,Amoros C,Giuliani Y. Restoration ecology of riverine wetlands(Ⅱ):An example in a former channel of the Rhone River[J]. Environmental Management,1995,19(6):903 − 913.

Henry C P,Amoros C. Restoraton ecology of riverine wetlands (I):A scientific base[J]. Environmental Management,1995,19(6):891 − 902.

Hobbs R J,Norton D A. Towards a conceptual framework for restoration ecology[J]. Restoration ecology,1996,4(2):93 − 110.

Itasca Consulting Group Inc. FLAC3D User Manual [R]. USA:Itasca consulting group inc,1997.

Jiang G M,Putwain P D,Bradshaw A D. An experimental study on the revegetation of colliery spoils of Bold Moss Tip,St. Helens,England[J]. Acta Botanic Sinica,1993,35(12):951 − 962.

Johnston C A. Ecological engineering of wetlands by beavers// Mitsch W J. Global wetlands:old world and new[M]. Netherlands:Elsevier,1994.

Jordan W,Gilpin M. Restoration ecology:A synthetic approach to ecological research[M]. [s. l.]: Cambridge Cambridge University Press,1987.

Joshi P K,Homerun R,Roy P S. Landscape dynamics in Hokersar wetland,Jammu,Kashmir—An application of geospatial approach[J]. Journal of the Indian Society of Remote Sensing,2002,30 (1):1 − 2.

Junk W J,Brown M,Campbell I C,et al. The comparative biodiversity of seven globally important wetlands:A synthesis[J]. Aqua Sci,2006,68:400 − 414.

Rodríguez-Rodríguez M,Moral F,Benevento J. Hydro-morphological characteristics and hydro geological functioning of a wetland system: A case study in southern Spain[J]. Environ Geol., 2007,52:1375-1386.

Osmanagic M, Stevic M, Jasarevic I. Application of the finite element method in defining soil subsidence deformations caused by salt leaching[M]. Rotterdam: A. A. Balkema, 1982.

Parton W J, Stewart J W B, Cole C V. Dynamics of C N, P and S in grassland soils: A model[J]. Biogeochemistry, 1988, 5:109-131.

Peng S S. Surface subsidence engineering[M]. Littleton, Colorado: Society for Mining, Metallurgy, and Exploration Inc, 1992.

Persson H D. The distribution and productivity of fine roots in boreal forests[J]. Plant and Soil, 1983, 71:87-101.

Pichtel J R, Dick W A, Sutton P. Comparison of amendments and management practices for long-term reclamation of abandoned mine lands[J]. Environmental Quality, 1994, 23(4):766-772.

Potter C S, Randerson J T, Field C B, et al. Terrestrial ecosystem production: A process model based on global satellite and surface data[J]. Global Biogeochemical Cycles, 1993, 7(4):811-841.

Selby A R. Tunnelling in soils-ground movements, and damage to buildings in Workington, UK[J]. Geotechnical and Geological Engineering, 1999, 17:3-4.

Sidle R C, Kamil I, Sharma A, et al. Stream response to subsidence from underground coal mining in central Utah[J]. Environmental Geology, 2000, 39(3-4):279-291.

Skleniĕka P, Lhota T. Landscape heterogeneity—a quantitative criterion for landscape reconstruction [J]. Landscape and Urban Planning, 2002, 58(2):147-156.

Stapleton C. Soil-forming materials: Their use in land reclamation[J]. Mineral Planning, 2000(82):9-11.

Thomas K. The structure of scientific revolutions[M]. 2nd ed. Chicago, Illinois: The University of Chicago Press, 1970.

Todd J. Rescuing diversity, the search for a social and economic context[M]// Wilson E O ed. Biodiversity. Washington D C: National Academy Press, 1988.

Wang Y H, Zhou J W, Wen B. Subsidence prediction under thick alluvium based on probability integration method[J]. Applied Mechanics and Materials, 2013, 448-453:3808-3813.

Zhang L M, Zhou J W, Chai B, et al. Spatial distribution of polycyclic aromatic hydrocarbons in soils around the coal waste rock dumps[J]. Advanced Materials Research, 2014, 955:981-986.

Zhang Y P, Zhou A G, Zhou J W, et al. Evaluating the sources and fate of nitrate in the alluvial aquifers in the Shijiazhuang rural and suburban area, China: Hydrochemical and multi-isotopic approaches[J]. Water, 2015, 7(4):1515-1537.

附录1 居民调查表

为了客观、准确地对采煤塌陷区的地质环境综合治理工程进行效益评价,需要向您咨询有关农业生产、家庭经济状况等方面的信息,您的确切回答将有助于治理工程质量及成效的进一步提升与改善。答案无对错之分,请您不必有任何顾虑。

衷心感谢您的支持和协助!祝您生活越来越好!

说明:①请在每个问题适合您家庭情况的答案号码处打"√",或在_____处填写确切内容;②每个问题只能选择一个答案。

1. 您的文化程度是:
①小学　　②初中　　③高中、中专、技校　　④大专　　⑤本科及以上
2. 家庭人口_____,劳动力_____。
3. 家庭主要经济来源是什么?
①耕田　　②养殖　　③劳务服务
4. 耕地面积_____,养殖规模,包括场地面积_____及家畜数量_____。
5. 亩均耕地年投入成本多少?(包括种子、耕种、肥料、农药、灌溉、地膜、管护、收割、费税等所有成本)
①1 000元及以下　　②1 001~1 500元　　③1 501~2 000元　　④2 001~3 000元
⑤3 001~4 000元　　⑥4 001~5 000元　　⑦其他
6. 亩均养殖总投入成本多少?(包括牛、羊、驴、猪、鸡等家禽幼崽、肥料、管护、费税等成本)
①2 000元及以下　　②2 001~2 500元　　③2 501~3 000元　　④3 001~4 000元
⑤4 001~5 000元　　⑥5 001~6 000元　　⑦其他
7. 家庭年总收入多少?(包括粮食、果品、家禽、鱼类等农牧渔产品及劳务收入)
①20 000元及以下　　②20 001~25 000元　　③25 001~30 000元　　④30 001~40 000元
⑤40 001~50 000元　　⑥50 001~60 000元　　⑦其他
8. 食品消费费用占生活支出的比例是多少?
①1/5以下　　②1/5~1/4　　③1/4~1/3　　④1/3~1/2　　⑤1/2以上
9. 对治理工程的整体满意度,认同或不认同?
①认同　　②不认同
10. 对治理工程的建议与看法如何?

附录 2 指标权重调查表

尊敬的各位专家：

为了对黄淮海平原缓倾深埋煤矿塌陷区地质环境问题的不同治理模式进行经济、生态、社会及综合效益评价研究，特制定如图 1 所示的评价指标体系。烦劳您对各评价指标的相对重要程度作出评断，谢谢您的协助！

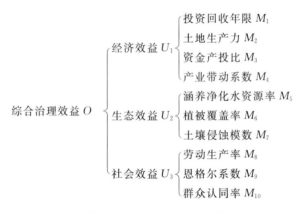

附图 1 采煤塌陷区综合治理效益评价指标体系

本研究采用层次分析法确定各评价指标的相对权重，需构建两两比较判断矩阵，请按 1～9 标度法（附表 1）填写判断矩阵表（附表 2）。

附表 1 1～9 标度定义说明表

标度	含义
1	表示两个因素相比，具有同样重要性
3	表示两个因素相比，一个因素比另一个因素稍微重要
5	表示两个因素相比，一个因素比另一个因素明显重要
7	表示两个因素相比，一个因素比另一个因素强烈重要
9	表示两个因素相比，一个因素比另一个因素极端重要
2,4,6,8	上述两相邻判断的中值
倒数	因素 i 与 j 比较得判断 b_{ij}，则因素 j 与 i 比较得判断 $b_{ji}=1/b_{ij}$

附表2 判断矩阵表

注：判断矩阵主对角线上的值为1（已标定），下三角各元素的值（已标为"×"）为对应上三角元素值的倒数，不需要填写。

判断矩阵 $O-U$

	U_1	U_2	U_3
U_1	1		
U_2	×	1	
U_3	×	×	1

判断矩阵 U_1-M

	M_1	M_2	M_3	M_4
M_1	1			
M_2	×	1		
M_3	×	×	1	
M_4	×	×	×	1

判断矩阵 U_2-M

	M_5	M_6	M_7
M_5	1		
M_6	×	1	
M_7	×	×	1

判断矩阵 U_3-M

	M_8	M_9	M_{10}
M_8	1		
M_9	×	1	
M_{10}	×	×	1